分形景观
空间设计

蔡梁峰 吴晓华 著

FRACTAL
LANDSCAPE
DESIGN

江苏凤凰科学技术出版社

序 言

某一天晚上，当我看完BBC系列纪录片《创世纪前传》的第十集《造物主法则——分形理论》之后，我用分形的方法在AutoCAD软件中画了一个块代表一个简单的树干，又复制了几个，将它们进行了缩小和旋转，根据树枝的生长方式嫁接在原块上，然后我重复地进行了复制并对块迭代，结果是一棵饱满、繁茂、自然的树出现了！分形的神奇与理性令我极为震撼，不仅是用分形去画一棵具象的树，我意识到做了多年的方块或者曲线形式的景观设计方法研究原来就是分形！

对分形理论的理解最直观的就是"树状结构"，即一棵树的每一部分的树枝都与完整的树相似。我们所生存的世界的可视物都是由分形组成的，大到日月星辰、山川河流，小到花草树木、瓜果蔬菜，甚至我们人体自身的神经系统、血管系统、脑部结构等许多组织都具有树状分形结构。因此由自然与人文合作产生的大地景观正是由分形形成的。

景观在景观生态学领域的概念，是指由相互作用的斑块或生态系统组成，以自相似的形式重复出现的一个空间异质性区域，是具有分类含义的自然综合体。显然，生态学家很早就认识到，景观由景观元素分形组成，景观元素指地面上相对同质的生态要素或单元。景观元素有三种类型，即斑块、廊道和本底。

对于普通的小尺度的景观设计虽然不能以斑块、廊道和本底来论，但是它同样属于景观生态学下的一个分形，本底即是场地的基底，比如湿地或者山地；廊道可以是步道；斑块就是绿色、人文节点。分形学中整体与每一分形单体的自相似性概念与现代景观设计学倡导的基于景观生态学的"场所精神"具有一脉相承的思想渊源。

分形学是简单又复杂的，就如爱因斯坦的相对论的质能方程式

$E=mc^2$。分形之父曼德勃罗的曼德勃罗集，又称"上帝的指纹"，方程也仅仅是 $Z_{n+1}=Z_n^2+C$ 这么简单，但是这个分形集合表现出来的却是极为令人震撼的复杂，这个集合图案展现了哲学、数学、艺术三者的结合，景观设计同样展现的是哲学、科学与艺术。当然我对数学的认识最多只停留在大学阶段时对微积分（极限概念与分形迭代有重要的联系）的粗浅认识，但是分形在景观设计学中的应用并非只是数学上的价值，而是景观设计师应用分形学能从宏观到微观简单又高效地解决场地的生态、功能与美学等一系列问题，具体而言：

1. 自然中的一切都属于分形，而从景观生态学出发，景观分形越细微，生态边缘效应价值更高，生物多样性越丰富。

2. 分形学的"自相似性"原则使任何尺度的景观设计需要从属于更高尺度的环境，比如山地景观就须融合于山地自然环境的整体风貌中。

3. 分形理论的核心价值是以极简的程序导向丰富的图形，通过分形学能高效率、低成本地解决景观设计中许多复杂的问题，它并不局限在设计的表达上，而是"一以贯之"地扼住问题的咽喉，提出解决问题的"程序"，从宏观、中观、微观分形之。

4. 不仅仅是曼德勃罗分形集，许多分形图案都有着令艺术家也叹为观止的美，分形是数学的、生态的，也是美学的。

现实中，优秀的景观作品都具有强烈的分形结构，不论是我国传统的城郭、园林（比如紫禁城和网师园），还是现代西方景观作品（比如 ASLA 获奖作品）。

正是基于对分形学的粗浅认识，结合多年对方块与曲线线形在景观设计中的应用而产生的一本简明有趣的书。

献给小钢琴师王梧潼馨

目录

FRACTAL LANDSCAPE DESIGN

CHAPTER 1

第 1 章　无处不在的分形

1.1 海岸线有多长

20世纪，英国有个数学家路易斯·弗莱·理查德森（Lewis F. Richardson, 1881—1953），此人性情古怪，并不广为人知，他的遗作《不列颠海岸线有多长？》在1961年得以发表，文中提出了一个看似完全不存在的，甚至已经有了明确答案的问题：不列颠海岸线有长度吗？假设书本上有大、中、小三种蚂蚁爬完我们书本上的三幅同样大小的英格兰地图边缘一圈（下图），它们爬过的距离是一样的吗？很明显越小的蚂蚁爬过的地图形状更完整，弯曲更多，路线更长。那是否 c 蚂蚁就完整无误地爬过了 c 地图边缘呢？对于一只虱子来说，小蚂蚁爬得远远不够精确，周长不够长。

| (a) 大蚂蚁 | (b) 中蚂蚁 | (c) 小蚂蚁 |

| (a) 大蚂蚁爬行路线 | (b) 中蚂蚁爬行路线 | (c) 小蚂蚁爬行路线 |

1.2　科赫曲线

其实早在 1904 年，瑞典数学家海里格·冯·科赫（Helge von Koch，1870—1924）就已经发现了这个问题，它就是科赫论文《关于一条连续而无切线，可由初等几何构作的曲线》中的"病态"曲线——科赫曲线，他将该曲线定义为有一系列不断增加褶皱的曲线极限，最终是一条无限长的曲线，但存在于有限的空间内。事实上，现实世界的确不存在真正的曲线，所谓的几何曲线都是无限接近曲线的科赫曲线，它们具有共同的特征：1. 曲线上的任何线条都是不平滑的。2. 曲线上任意两点距离无穷大。3. 产生一个匪夷所思的悖论，无限的边界，包围有限的面积。如下图所示，海岸线是不可测的，长度取决于我们所用的测量工具的尺度，工具越细微，岸线越长。不仅是地球的岸线，即使是我们随手撕下的纸片，依旧符合科赫曲线原理：它存在有限的面积，却有无限的周长。

启动子　　　　　　　　　　　　　　　　　生成子

二次分形　　　　　　　　　　　　　　　　三次分形

四次分形　　　　　　　　　　　　　　　　五次分形

1.3　迭代的科赫雪花

科赫曲线不断曲折的过程其实属于数学理论中的迭代，迭代是重复反馈过程的活动，其目的通常是为了接近并达到所需的目标或结果。每一次对过程的重复被称为一次"迭代"，而每一次迭代得到的结果会被用来作为下一次迭代的初始值。许多看似深奥纯粹的数学问题实际上极为有趣、简明，接下去我们通过当今建筑、城规、景观等专业最通用的 AutoCAD 绘图软件来了解科赫雪花图形的迭代过程。首先绘制线段并定义为块 a，3 条线段 a 形成新线段并定义为 b，并形成以 b 为边的等边三角形，接下去将 4 条线段 a 组合成下图中 b¹ 形态并重新定义块 b，因块名相同而替代，三角形自动被迭代成雪花状。再将块 b¹ 炸开并缩小 1/3，同名定义块替代块 a 线段，b¹ 块被自动迭代，以此类推科赫雪花逐级细微而曲折。

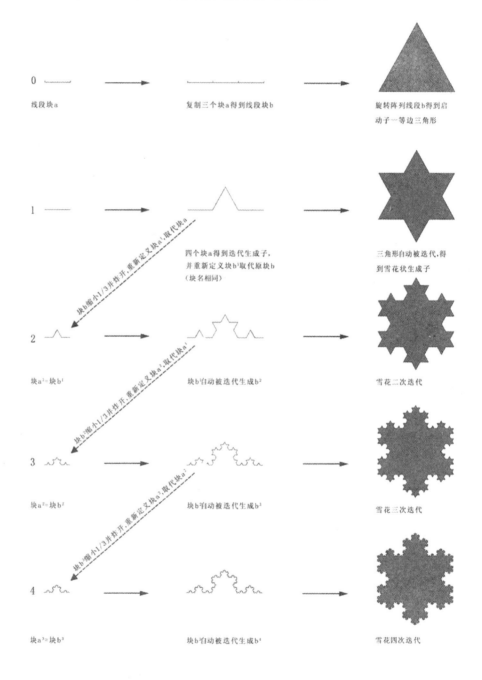

1.4 闵可夫斯基香肠

赫尔曼·闵可夫斯基（Hermann Minkowski, 1864—1909），德国数学家，犹太人，四维时空理论的创立者，曾经是著名物理学家爱因斯坦的老师。他曾经用迭代的方式画过一条有趣的曲线，这就是著名的闵可夫斯基香肠，首先将一条线段分成四等分，保留首尾两端线段，中间形成四根线段组成的S形折线，第二次将这个形状缩小至原来的1/4，迭代至原来的线段形成连续而多转折线条，梯次迭代，将得到更加细微曲折的"香肠"。

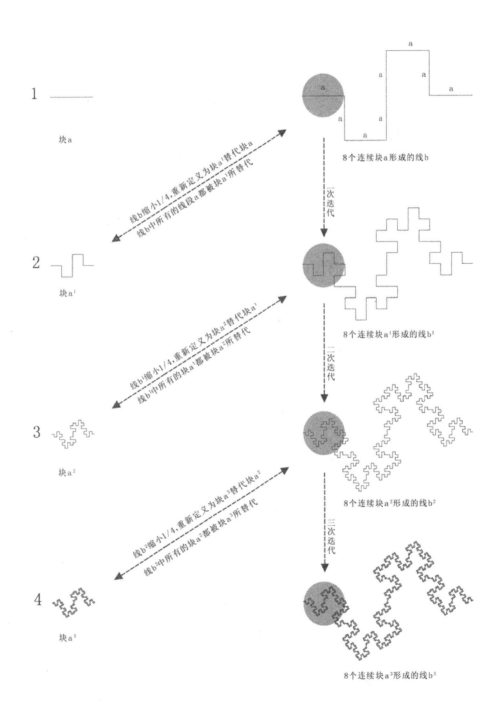

1.5　谢尔宾斯基方毯

其他著名的迭代线条或图形还有康托集、皮亚诺曲线，当然，我们不得不提到瓦茨瓦夫·弗朗西斯克·谢尔宾斯基（Wacław Franciszek Sierpiński，1882—1969）的谢尔宾斯基方毯，因为这个集合对于景观设计与建筑设计都有极为重要的意义，它是将一个实心正方形划分为9个小正方形，去掉中间的小正方形，再对余下的小正方形重复这一操作便能得到谢尔宾斯基地毯。

初始图形

启动子块a

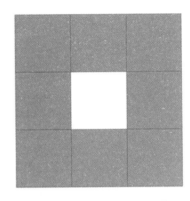

一次迭代形b

缩小1/3的b块重新定义 a^1

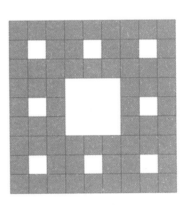

二次迭代形 b^1

缩小1/3的 b^1 块重新定义 a^2

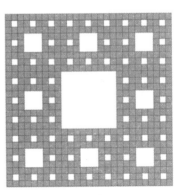

二次迭代形 b^2

1.6 分形之父

曼德勃罗（1924—2010）

正如牛顿所言"我不知道在别人看来，我是什么样的人；但在我自己看来，我不过就像是一个在海滨玩耍的小孩，为不时发现比寻常更为光滑的一块卵石或比寻常更为美丽的一片贝壳而沾沾自喜，而对于展现在我面前的浩瀚的真理的海洋，却全然没有发现。 如果说我比别人看得更远些，那是因为我站在巨人的肩上"，对于分形学，就像前面介绍的各种迭代曲线都已具备分形思想的基础和原理，甚至根源可以追溯到公元17世纪，而对分形进行严格的数学处理则始于一个世纪后卡尔·魏尔施特拉斯、格奥尔格·康托尔和费利克斯·豪斯多夫对连续而不可微函数的研究。但真正提出"分形学（Fractal）"的是伯努瓦·曼德勃罗（BenoitB. Mandelbrot，1924—2010），曼德勃罗就是那个站在巨人肩膀上捡到美丽贝壳的小孩，由于他超凡的洞察力和对自然持续的观察建立了分形理论，因此曼德勃罗被人们尊称为"分形之父"。

曼德勃罗生于波兰华沙的一个犹太人家庭。他的家庭有着浓厚的学术氛围，母亲是一位牙科医生，父亲则是一名服装商人，而曼德勃罗的数学启蒙则是得益于他的数学家叔叔，居于巴黎的佐列姆·芒德勃罗伊（Szolem Mandelbrojt）。1936年，曼德勃罗12岁时，因纳粹德国对犹太人的威胁日益加剧，随全家移居法国巴黎。第二次世界大战爆发后，巴黎沦陷，全家再次逃往法国蒂勒。曼德勃罗的学业时断时续，据说甚至没有学习过字母表，或者5以上的乘法表！但是，他接受的实用教育开拓了他的视野，他观察自然，认识到自然界中的各种形状。他很早就注意到，冬天里光秃秃的树木就像河流的分叉，又像人类的循环系统，或者像一道闪电！

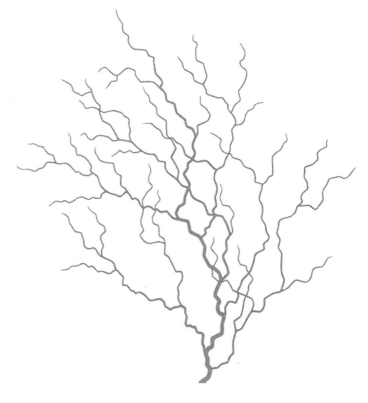

树状结构

1.7 闪电与河流

曼德勃罗在观察自然中发现许多事物从整体到细节都存在着相似的结构，比如树木的主干、分枝结构和分枝、次分枝结构极为相似。不仅是树木，河流流域、闪电、人体经脉都有类似的相似结构。

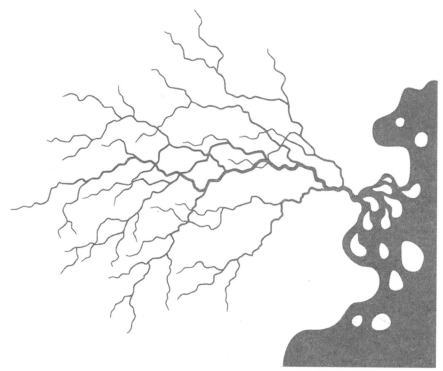

河流

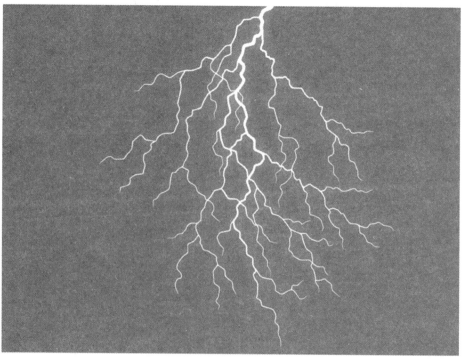

闪电

1.8　花椰菜和树叶

曼德勃罗尤其对西兰花的形状感兴趣。他注意到，如果我们掰开西兰花上的任何一瓣，它与西兰花的整体形状极为相似，继续掰下更小的菜花，它依旧和上一部分及整体相似，甚至所有的叶脉亦是如此。

西兰花

丝瓜叶

1.9 分形学（Fractal）

1975年，曼德勃罗在前辈的文献基础上，以及对自然极其入微的观察下创造了"分形"（fractal）这个词，用以描述自然界中各种尺度上的细节信息之形。这个词来源于拉丁语"碎片"（fractus），反映了破碎、片段和不连续性。分形几何学是描述我们在自然界中观察到的不规则形状的几何学，分形反映了无限的细节、无限的长度和不光滑的特性，曼德勃罗前无古人地分析了这些现象的共同性质——自相似性（线性，非线性，抑或统计学意义上的），它就像是一种基因或者一个程序，事物可以将这个密码传达给整体以及整体下的各个细节。《老子》第四十二章讲"道生一，一生二，二生三，三生万物。"佛教也有"须弥纳芥子，芥子纳须弥"一说，东方哲学思想中的宇宙观都有着分形学中的自相似与极限的精神纽带。在我看来，曼德勃罗与其说是一个数学家，不如说他是一个哲学家。神秘优美的曼德勃罗集正是将数学、哲学、艺术交汇在一起的巨作，这个点集均出自公式：$Z_{n+1}=Z_n^2+C$，这是一个迭代公式，人们称它为"上帝的指纹"。分形学并非纯粹数学，而是具有很多的应用价值，涉及自然科学、工程技术、生物医学、社会经济、文化艺术灯诸多领域。同时分形学可以让每个具备基础数学知识的人通过它来解决一些用常规方法无法解决的问题。

分形也可以依据其自相似来分类，有如下三种：

1.精确自相似：这是最强的一种自相似，分形在任一尺度下都显得一样。由迭代函数系统定义出的分形通常会展现出精确自相似来。

2.半自相似：这是一种较松的自相似，分形在不同尺度下会显得大致（但非精确）相同。半自相似分形包含有整个分形扭曲及退化形式的缩小尺寸。由递推关系式定义出的分形通常会是半自相似，不是精确自相似。

3.统计自相似：这是最弱的一种自相似，这种分形在不同尺度下都能保有固定的数值或统计测度。大多数对"分形"合理的定义自然会导致某一类型的统计自相似（分形维数本身即是个在不同尺度下都保持固定的数值测度）。随机分形是统计自相似，但非精确及半自相似分形的一个例子。

曼德勃罗集

1.10 分形学与景观

其实在分形学产生之前，人们就已经开始通过宏观、中观、微观的分形角度进行景观设计，中国古代的城郭，比如《清明上河图》的汴京城（图1）或者北京的故宫，都具有强烈的分形结构。只是景观学界尚未对分形学在景观设计中的应用做出系统的阐述。景观设计是基于自然环境生态对人类栖居的土地进行的设计，而分形学是以从对自然的观察中获得的不规则几何形态为研究对象的几何学，是描述大自然的语言，利用分形学这个强有力的工具能对景观设计学产生极大的推动作用，主要有以下几点：

1. 自然中的一切都属于分形，而从景观生态学出发，景观分形越细微，生态边缘效应价值越高，生物多样性越丰富（图2）。

2. 分形学的"自相似性"原则使任何尺度的景观设计需要都从属于更高尺度的环境，比如山地景观就须融合于山地自然环境的整体风貌之中。

3. 分形理论的核心价值是以极简的程序导向丰富的图形，通过分形学能高效率、低成本地解决景观设计中许多复杂的问题，它并不局限在设计的表达上，而是"一以贯之"地扼住问题的咽喉，提出解决问题的"程序"，从宏观、中观、微观分形之。

4. 不仅仅是曼德勃罗分形集，许多分形图案都有着令艺术家也叹为观止的美，分形是数学的、生态的，也是美学的。

图1 清明上河图局部

没有生物栖息　　　　　　　　　　　　　螃蟹

螃蟹、河虾

螃蟹、河虾、螺蛳

图2 分形是自然的本质，是生物多样性的保障

1.11 分形与 AutoCAD

随着计算机图形技术的飞速发展，出现了大量的如：Fractint、Ultra Fractal、Ferryman、Fractal、Apophysis 等分形软件，对分形理论起到了巨大的推广作用，但是这些分形软件大部分仅适合纯粹的数学与分形艺术爱好者，对于建筑、规划、景观设计专业人士来说并无太多帮助。AutoCAD（Auto Computer Aided Design）是 Autodesk（欧特克）公司首次于 1982 年开发的自动计算机辅助设计软件，用于二维绘图、详细绘制、设计文档和基本三维设计。AutoCAD 现已经成为国际上广为流行的绘图工具。AutoCAD 具有良好的用户界面，通过交互菜单或命令行方式便可以进行各种操作。它的多文档设计环境，让非计算机专业人员也能很快地学会使用，在不断实践的过程中更好地掌握它的各种应用和开发技巧，从而不断提高工作效率。AutoCAD 具有广泛的适应性，可以在各种操作系统支持的微型计算机和工作站上运行。作为设计从业者最为普遍使用的二维绘图软件，AutoCAD 虽然不属于分形软件，但它里面的"块（block）"命令的应用可以使图形中的块按照迭代的方式产生多重分形。在 AutoCAD 里面，原初生成的"块"的形状就如 $Z_{n+1}=Z_n^2+C$ 中的 Z0，即分形中的启动子，而其方程就是生成子中的迭代形，它是用图形的方式来解决经典几何不能解决的有关"自然"的几何。当然 AutoCAD 并不能像其他分形软件一样输入简单的数据就能生成复杂的分形图案，分形在 AutoCAD 中需要绘制者密切的参与，绘制者第二步"生成子"的绘制才是整个分形的"指纹"，反之，即使是一个精通 AutoCAD 软件的使用者，如果不了解分形或者缺少对自然的观察，他也无法想象下图这棵树的所有线条仅仅来源于一根多段线！

分形树

1.12　分形树

我们通过 AutoCAD 进一步展示分形学不仅可以阐述海岸线有多长的问题，也可以用来绘制"自然"的树：1. 用多段线绘制树木的主干，并定义成块 a。2. 复制多个块 a，通过缩放和旋转"嫁接"在主干上，成为分形生成子，定义为块 b。3. 复制并炸开块 b，定义成与块 a 同名的块 a¹，块 b 上的所有块 a 自动被块 a¹ 完全替代，形成块 b¹。以此类推，树木被多次分形后，呈现出几乎完全"自然"的形态。

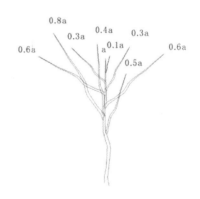

启动子块 a　　　　　　　　多个块 a 组成的生成子块 b

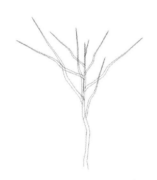

块 b 炸开后形成块 a¹ 迭代原块 a

块 b 自动分形成块 b¹

块 b¹ 炸开后形成块 a² 迭代原块 a¹

块 b¹ 自动二次分形成块 b²

CHAPTER 2

第 2 章 方块分形

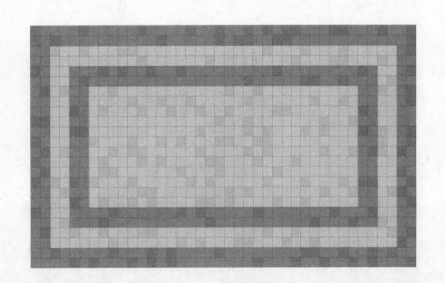

2.1 铺装尺度

分形学与混沌理论（蝴蝶效应是其中的一个重要概念）关系密切，多是以自组织系统为研究对象的，混沌中有时包容分形，而分形中有时又孕育混沌。分形更注重形态或几何特性、图形的描述。混沌更偏重数理的动力学及动力学与图形结合的多方位的描述和研究。分形可以是混沌研究中的一种手段或方法等。比如曼德勃罗集无论多么复杂优美，与人类的艺术创造性相比还是要逊色得多。景观设计，无论是中国的古典园林还是欧美现代景观的铺装设计，普遍存在着分形的结构，但是这种分形结构并不像科赫曲线那样可以纯理性地用方程迭代生成，而是如前一章我们用图形迭代生成的、无法用方程理解的"自然树"，因为人类毕竟不是机器，艺术创作承载着人类丰富情感的"蝴蝶翅膀"，也就是说，景观中的铺装属于分形，但也属于混沌，人类情感产生的"蝴蝶效应"才使得分形铺装成为景观设计的重要组成部分。

铺装是艺术，也是工程技术，所以任何将要进行的场地铺装设计，设计师首先需要了解的是场地区域的尺度，而尺度分为严格尺度和参照尺度。严格尺度指的是场地红线范围精确尺寸，如下图尺度为一个 12 m×20 m 的矩形场地。参照尺度指的是该场地对于设计师所熟知的某个空间的相当程度。如果说严格尺度是科学理性的，参照尺度则是感性抽象的。对于一个新的场地区域，设计师心里首先将它参照为自己所熟知的尺度，其重要性就在于我们需要以人的尺度去营造恰当的空间，而不是以霸王龙的尺度设计不当的空间。

铺装尺度

2.2 分形中的合形

Fractal 在国内被翻译成分形，又称碎形，"分形"已经约定成俗，很难改变，但这个中文翻译还是值得商榷，因为"Fractal"不仅仅是"分"，它还包含"合"，以及"自相似"的犹如基因一般不断衍生的意思。所以我们前面提到的科赫曲线等都是在"分"形，但如果是一个孩子用积木搭建一个房子就存在着"合"形。景观设计尤其如此，"合久必分，分久必合"。基于矩形的景观设计其实都来源于谢尔宾斯基方毯。

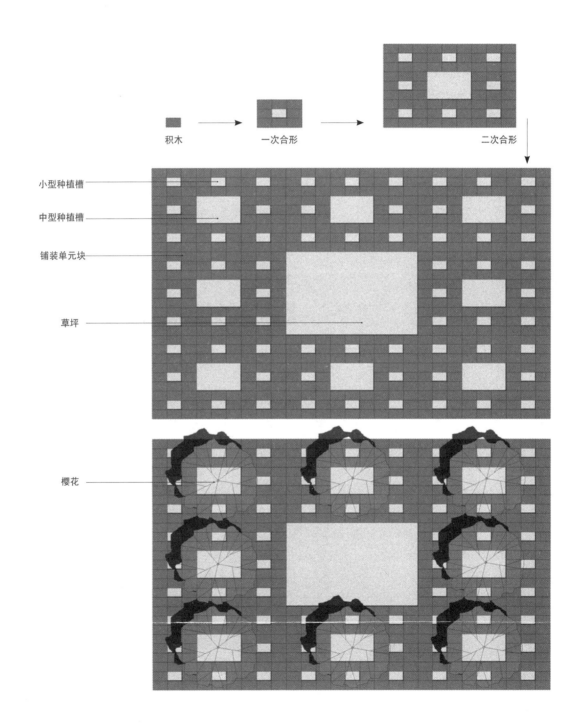

2.3 方块分形铺装

景观设计的途径众多,网格分形的方法只是其中一种逆向设计思维方式,并不一定要把场地设计理解成在土地上建设硬质的空间,可以把场地设计理解成在硬质铺装的网格中寻找绿色、水体及构筑物等其他空间。景观设计的初学者容易在设计中失去尺度,使用网格分形的方式可以培养严谨的尺度概念,也是一种良好的景观空间设计训练方法。

景观设计师就如烹小鲜的厨师,不了解各种食材的属性就无法掌握烹饪的奥妙,因此景观设计师只有尽可能多地了解各种建设材料的性能,才能营造出有趣的景观空间。景观材料通常分为石材、烧制砖、混凝土、木材、沥青、金属、玻璃、废弃物及其他一些合成材料。这其中不仅有品种、规格的区别,同时还有如石材面层的区分,如花岗岩有抛光面、亚光面、自然面、拉丝面、斧凿面、火烧面、荔枝面、菠萝面等多种面层。受到篇幅的限制,这里景观建材不再展开叙述。

往往,设计师总是以从宏观到微观的逻辑思维来展开设计,但是人脑毕竟不是电脑,人的思维是活跃而跳动的,就如安藤忠雄在《都市彷徨》中写的关于高迪的文字:"我在进行建筑设计的时候,在思考建筑物的外部整体形态与外观的同时,也会顺便思考内部空间,甚至到达了思考细部的程度。同时,在考虑门把手及其放置的位置、桌子的形式等细部的设计时,往往又会扩展发散到全体空间的想象。可以说这种互相矛盾的思考确实存在于我的体内。圣家族大教堂这种看起来没有什么秩序的建筑,可能也是顺着高迪体内'有时从部分出发、有时从整体开始'的这种互相矛盾的思考逻辑而诞生的吧"。这也是我们想通过铺装设计的细节思考,最终逆向影响到整体设计的本书观点之一。给我们三种不同的石材,进行排列组合,即能得到3×2×1=6种不同的铺装设计方式,从中选择最优的分形构成方式,这其中包含了平面、色彩、空间三大设计构成的内容。

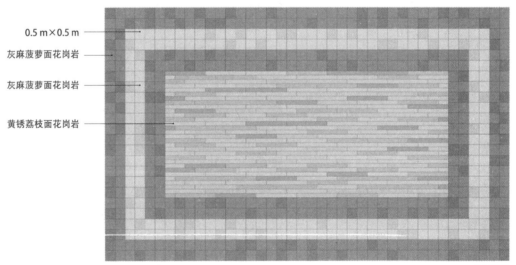

0.5 m×0.5 m

灰麻菠萝面花岗岩

灰麻菠萝面花岗岩

黄锈荔枝面花岗岩

分形铺装

2.4　手工分形铺装

　　景观审美除了自身环境所赋予的自然之美外，最重要的莫过于人工的智慧之美，而这些智慧之美传达给人们的，往往是人们脚下所踏过的石板，指尖触摸到的石头墙，身下坐着的藤椅……中国传统园林正是依靠石匠、木匠、竹篾匠等这些能工巧匠勾勒出园林肌理的分形之美。王澍先生的手工建筑亦是同理："手工建造，是西方人眼里最贵重的，在我的建筑里，传统工匠让那些被丢弃的材料恢复尊严。但西方人已经负担不起，他们已经越过了这个阶段，想回头也不行了"。手工制品永远都是鲜活的，具有生命力的，无论是一个建筑，一个手提包，还是一张明信片。任何景观单体材料俱有其肌理，或华丽，或古朴，或细腻，分形也是合形，单体材料的肌理特征在合形成铺装之后又会形成和而不同的肌理个性。传统园林的铺装中就有很多如粗粝的陶罐、陶缸、青瓷碎片分形组合成极为细腻的吉祥拼花图案，但同样具备原初材料的基因个性。当下，许多传统民间手工工艺正逐渐走向消亡，"手工"分形景观就是最好的文化传承。无论是小青瓦 S 形竖铺还是嵌草锈板碎拼铺装在巧匠的手里会呈现出工艺品般的构成艺术感。

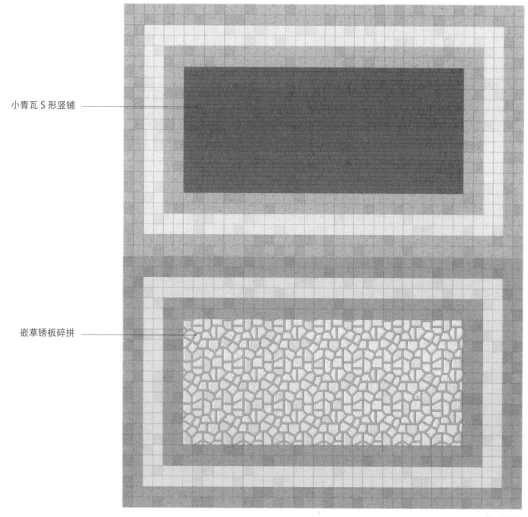

小青瓦 S 形竖铺

嵌草锈板碎拼

分形铺装

2.5 分形游戏

绿色植物是地球上最神奇的分形，在分形的网格中寻找绿色那一格，种上任何一种草种、花卉、蕨类、苔藓都如沙漠上的一抹绿色，动人心魄。就像一款风靡全球的掌上游戏机游戏——俄罗斯方块，又像是中国的围棋，都是在不停地分形，探寻空间，看似简单而实则变化无穷，仅仅 19×19 的棋盘中间却能做到千古无重棋，大道至简，也是传统文化阴阳对立统一的矛盾关系。就如曼德勃罗集的点在集合中还是非集合中？如果铺装为阳，绿色即为阴，但景观中的虚实空间也不能简单地理解为非此即彼的关系，阴阳可以转化，需要调和。中国传统典籍《易经》一书中就有"调和"这个词，是根据阴阳五行分形流动的。景观和围棋一样，不能脱离阴阳调和的道理，调和也就意味着均衡，分形中形成的均衡和调和不仅是围棋的核心，是地球生态的核心，也是景观美学的核心。

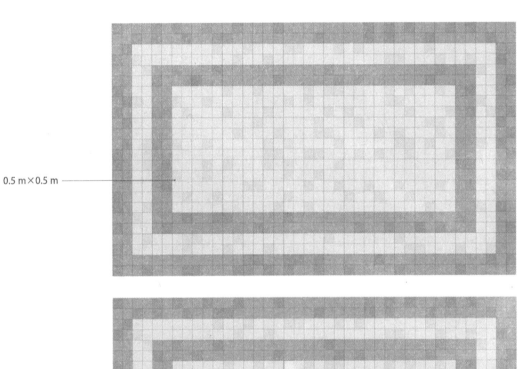

0.5 m×0.5 m

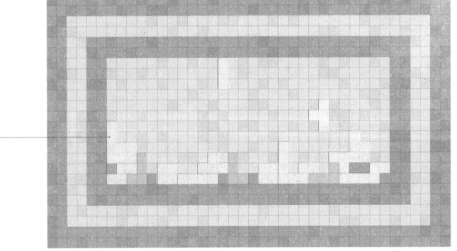

地被

2.6 三维分形

在分形的铺装中去寻找俄罗斯方块也是景观设计的一种游戏，从硬质中分形出绿色，又从绿色分形出俄罗斯方块坐凳，再分形出树阵和灌木。分形从二维发展到了三维，从无机分形出有机。

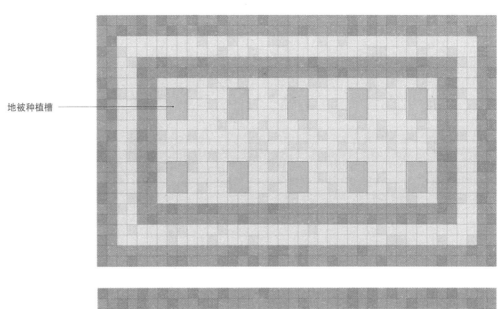

地被种植槽

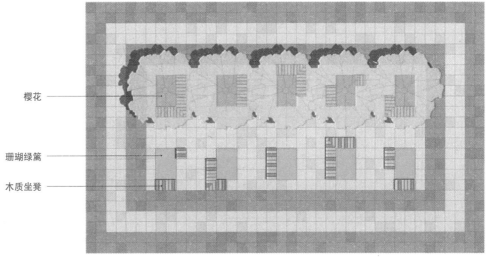

樱花

珊瑚绿篱

木质坐凳

2.7 多重分形

分形的景观设计属于分形学的应用，但它毕竟不再是纯粹的数学理论，不再是单一方程模式的迭代，而是多重肌理、平面、空间分形的融合。下图场地区域范围与中间的矩形青砖铺装属于分形，矩形青砖铺装与其中的一小块小青砖依旧属于分形，它们与下图正交生成的草带或者斜向"撬起位移"的坐凳还是属于分形。

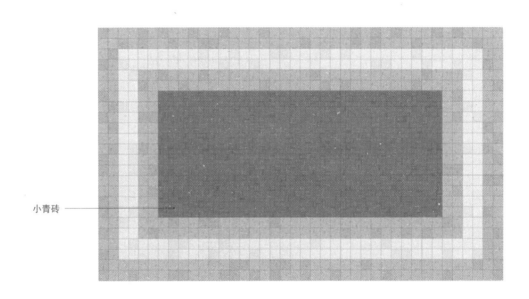

小青砖

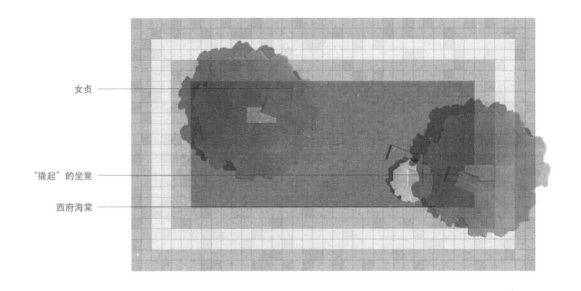

女贞

"撬起"的坐凳

西府海棠

2.8 带状分形

狭长矩形的带状分形在景观设计中应用极为广泛，它具有良好的导向性和穿越性，同时其狭长的特性无论纵横都给人以强烈的透视画面感，坐凳与无患子乔木树阵分形设计又提供了多个休憩空间。

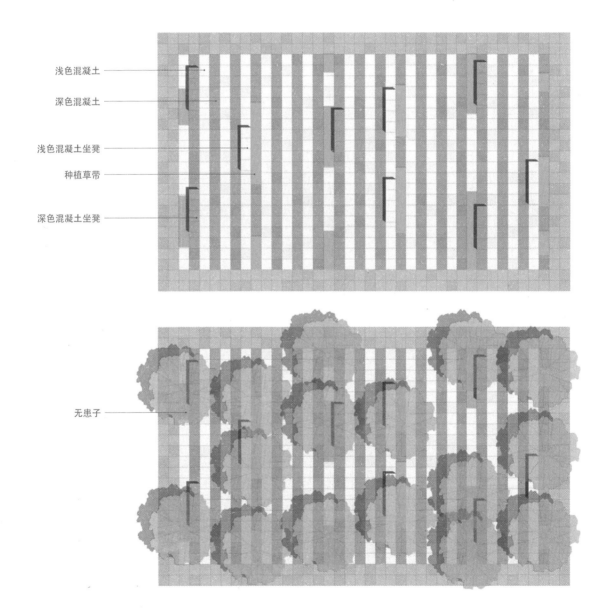

浅色混凝土

深色混凝土

浅色混凝土坐凳

种植草带

深色混凝土坐凳

无患子

2.9 几米与分形

看了几米的绘本，我很惊讶于他的洞察力与想象力，简单朴素的画面也饱含对世间美与善深沉的爱，亦反映着现代人当下周遭的点滴，一幅画，一个设计须是作者情感的投影才能打动人们。"怪叔叔站在树上唱歌，唱得快乐又陶醉。我们围在树下拍手叫好，怪叔叔对我们鞠躬微笑。他心情激动，高兴地跳起踢踏舞。后来他从树上跌下来，光光的头顶开始流血，但还是努力发出伊伊呜呜的奇怪歌声。第一次听到那样的歌声，却永远也无法忘记。"——几米《照相本子》

一个中年男子下班了，他一直兢兢业业，偶尔还是感到委屈和无助，此时他还不想回家。路过这个由各种方块铺装、草坪、木平台、青蛙阵以及水杉树阵构成的分形空间，疲倦的他想在这林子里休息下。他站在林中的舞台上，虽然有一只青蛙心不在焉，不过令他惊喜的是那么多青蛙认真地倾听着他的诉说，最后他唱了一首不算动听的歌，谢了幕，高高兴兴地回家了。分形并不枯燥，分形可以充满情感。

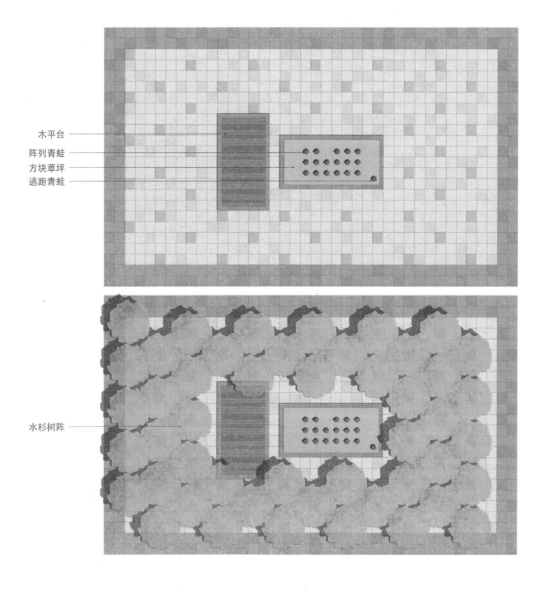

木平台
阵列青蛙
方块草坪
逃跑青蛙

水杉树阵

2.10　孔子与分形

《论语·先进》里讲，孔子和子路、冉有、公西华、曾皙几个弟子谈志向，轮到曾皙时，曾皙竟说出一段充满诗情画意的话来："暮春者，春服既成，冠者五六人，童子六七人，浴乎沂，风乎舞雩，咏而归。"这一下子把孔子感动了，孔子喟然叹曰："吾与点也！"有大树、有花、有泉、有凳子，人们就感觉有庇护和趣味，愿意停留和交流。

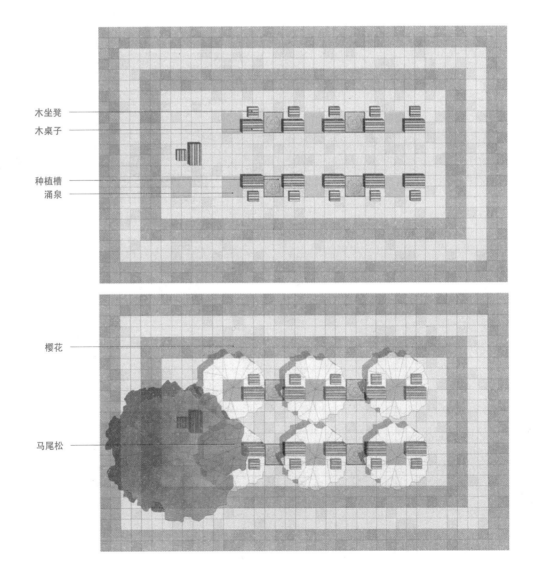

木坐凳

木桌子

种植槽

涌泉

樱花

马尾松

2.11　分形的麦田

狐狸说："如果你要是驯服了我，我的生活就一定会是欢快的。我会辨认出一种与众不同的脚步声。其他的脚步声会使我躲到地下去，而你的脚步声就会像音乐一样让我从洞里走出来。再说，你看！你看到那边的麦田没有？我不吃面包，麦子对我来说，一点用也没有。我对麦田无动于衷。而这，真使人扫兴。但是，你有着金黄色的头发。那么，一旦你驯服了我，这就会十分美妙。麦子，是金黄色的，它就会使我想起你。而且，我甚至会喜欢那风吹麦浪的声音……"——安东尼·德·圣－埃克苏佩《小王子》

分形设计可以使景观变得极为绚丽复杂，也可以让景观简约明亮，但世界所有设计的趋势必然是"少就是多"，这几年 ASLA 的获奖作品大多是以最少的设计直抵人心。分形的麦田简约、纯粹，点缀以《小王子》或者麦田圈的故事就能让景观生动起来。

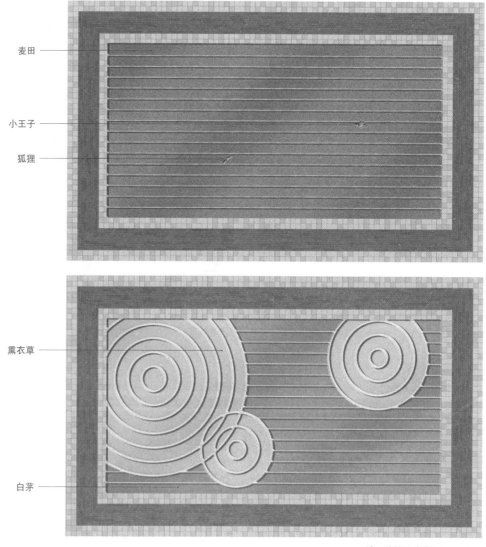

麦田

小王子

狐狸

熏衣草

白茅

注：该图尺寸为 24 m×40 m

2.12 葫芦在分形

就如农田的耕作，只要有一片土地，任何种植的形式，作物的品种，随着四季的更替，景观就不停地分形。邻里空间，分形生成的瓜棚豆架下，葫芦、丝瓜也在不停地分形生长。在下面吃晚餐纳凉，听老人讲鬼故事，吓得大气都不敢出，曾是我们小时候的夏夜生活。要不种茑萝、牵牛也挺好。我们都"流离失所"了，做景观设计的连块土地都没有，多想有块土地或者有个院子，我努力了几十年，如今却只是想回到儿时的故乡，有一小块地，在那里种一大片葫芦，听螽斯鸣。

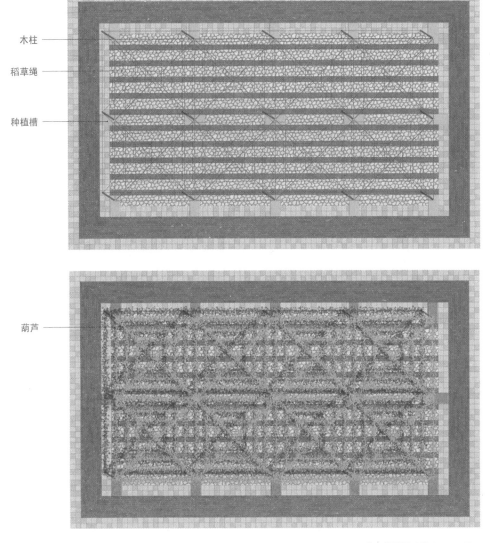

木柱

稻草绳

种植槽

葫芦

注：该图尺寸为 24 m×40 m

2.13 分形墙体

使用硬质墙体是分形空间最简单的方法。现代景观中景墙的使用极为普遍，景墙材料也是千变万化，从传统的夯土、砖、石材、木材、清水混凝土到现代的金属、玻璃钢等各种新型材料，无论使用哪种材料，景墙都能起到为景观空间增色点睛的作用，尤其是组合式景墙的使用使景观或传统，或现代，或自然。

下图这种两种分形空间分割是空间的虚实变化，也是空间的阴阳转化，图1是墙体分割虚空，图2是钢板盒子围合虚空，景观如此，建筑亦如此。

坐凳

景墙

朴树

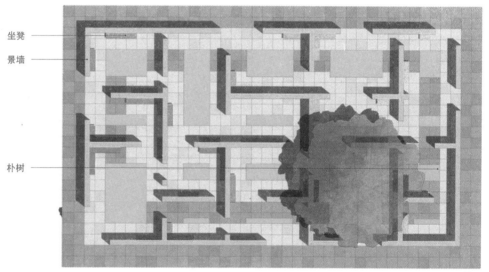

图 1

鼠尾草
钢板挡墙

樱花

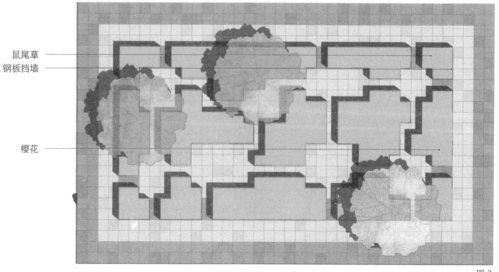

图 2

2.14　下沉分形

　　下沉分形空间在景观设计中起到负向的调和作用，具有收缩、安全、沉静、束缚这些主要景观情感的功能，阴阳分形相反相成，对立统一，"太极动而生阳，动极而静，静而生阴，静极复动。一动一静，互为其根。二气交感，化生万物。万物生生，而变化无穷焉。"因此不管是水景空间还是下沉空间，在"阴"的空间中总是需要产生"阳"的景观。上图下沉空间中白茅和原木两者有趣的"阳"景观矫正了"束缚"这样的负面景观情感。

　　通常情况下，相对于上升空间，人们更愿意停留在下沉空间，而下沉空间内部的分形举足轻重，受方块束缚的野草，斜向平行散置的原木构成坐凳，三棵早樱又远高出于地面。其中就体现了分形空间的上下调和，原木、白茅缺口的斜向与其他的水平线像两种交叉分形的调和，铺装与白茅、樱花之间有刚柔的调和。

下沉台阶 —

原木 —

白茅 —

樱花 —

黑色碎石 —

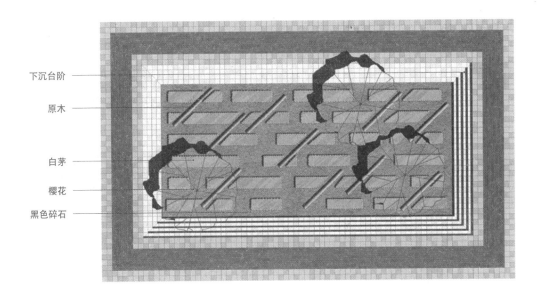

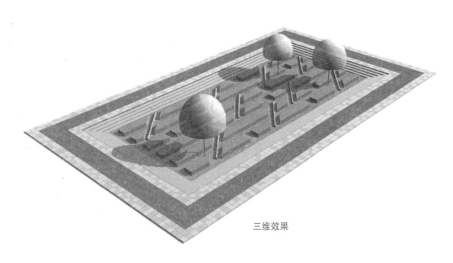

三维效果

注：该图尺寸为 24 m×40 m

2.15 折纸分形

木板就如一张纸，我们可以镂刻、折叠分形成各种三维形体，比如拱桥、门框、A 形靠背、躺椅、凳子等，建筑也好，景观也好，折纸分形都是训练空间思维的好方法。

坐凳
草坪

A 形靠背
踏脚

拱桥
樱花

方门

躺椅

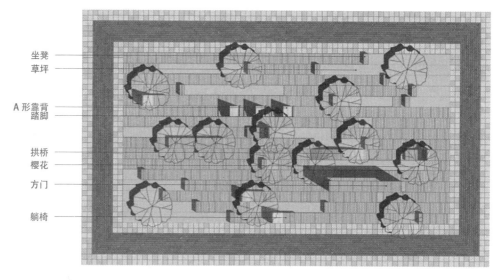

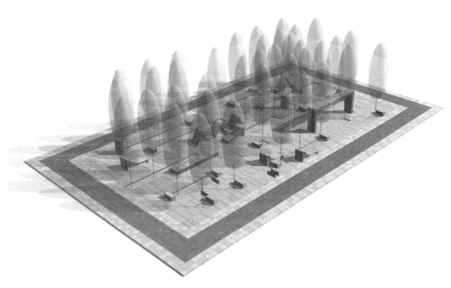

注：该图尺寸为 24 m×40 m

2.16　套娃景观

俄罗斯套娃是俄罗斯特产的木制玩具，一般由多个一样图案的空心木娃娃一个套一个组成，最多可达十多个，通常为圆柱形，底部平坦可以直立。最普通的图案是一个穿着俄罗斯民族服装的姑娘，叫作"玛特罗什卡"，这也成为这种娃娃的通称。所以俄罗斯套娃就具备分形的概念，而五行是中国古代物质观的一种分形。多用于哲学、中医学和占卜方面，五行指：木、火、土、金、水。认为大自然由五种要素相生相克衍生变化所构成，随着这五种要素的盛衰，大自然产生变化，不但影响到人的命运，同时也使宇宙万物循环不已。五行学说认为宇宙万物，都由木火土金水五种基本物质的运行和变化所构成。它强调整体概念，描绘了事物的结构关系和运动形式。如果说阴阳是一种古代的对立统一学说，那么五行可以说是一种古老的普通分形系统论。我们用俄罗斯套娃的方式或者像两面镜子的互相镜像分形设计五行景观。

土 320 m×192 m

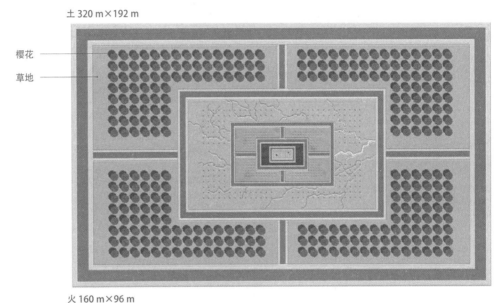

樱花
草地

火 160 m×96 m

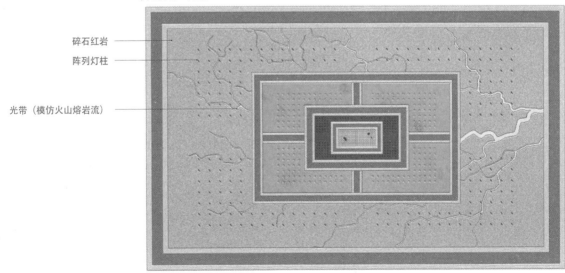

碎石红岩
阵列灯柱

光带（模仿火山熔岩流）

水 80 m×48 m

水面

阵列喷泉

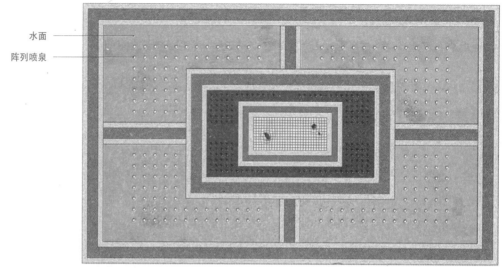

木 40 m×24 m

方木柱

黑色碎石

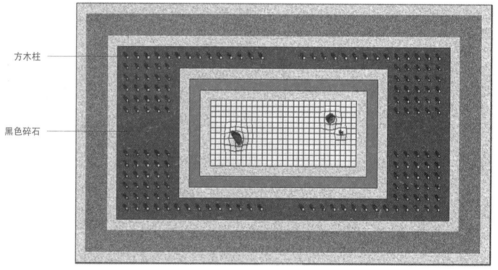

金 20 m×12 m

铁锈矿石

地形微凹

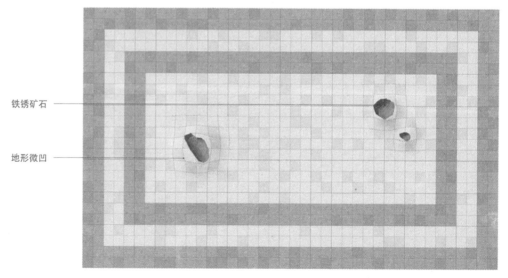

2.17 1/2 分形

在斜面中挖出水平基面的楔形空间，中间水平空间的大小正好是大空间的 1/2，通过台阶与上层空间相连，利用上文提到的若干矩形空间，我们又可以得到变幻无穷的景观空间。

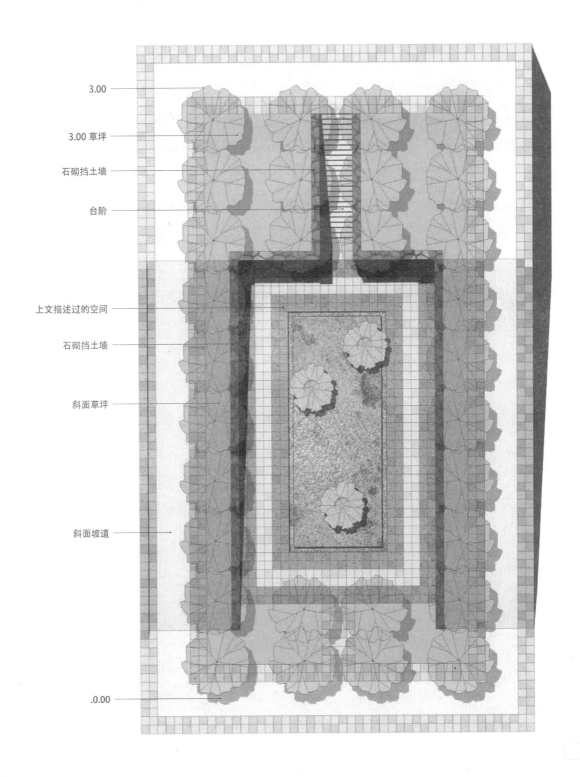

3.00

3.00 草坪

石砌挡土墙

台阶

上文描述过的空间

石砌挡土墙

斜面草坪

斜面坡道

.00.0

FRACTAL LANDSCAPE DESIGN

CHAPTER 3

第 3 章　魔方分形

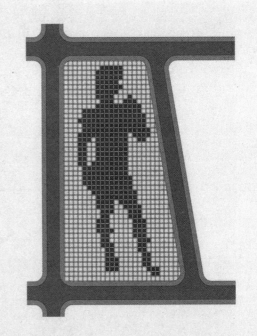

3.1 场地尺度

在这一章中，我们将在网格中寻找"魔方"，利用这些"魔方"空间营造景观。场地尺度如下图所示，参照尺度约为足球场大小。本章及下一章场地俱为该尺度。

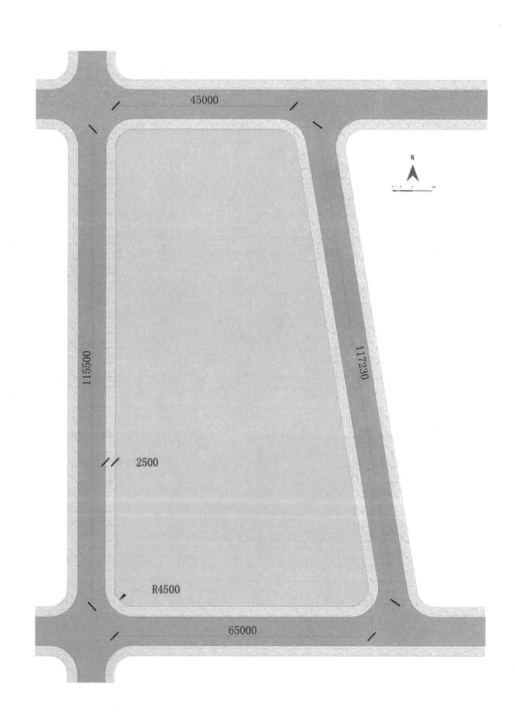

3.2　魔方分形原理

分形的启动子源于 1 m×1.6 m 方块，生成子为 9 个该方块，由此展开生成大小四种相似的带草坪、广场、树阵和坐凳的谢尔宾斯基方毯树阵林荫广场。

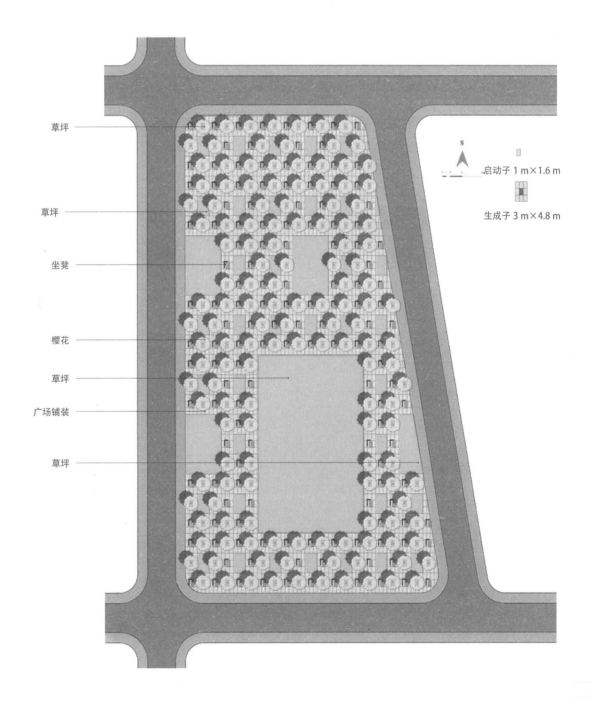

草坪

草坪

坐凳

樱花

草坪

广场铺装

草坪

N

启动子 1 m×1.6 m

生成子 3 m×4.8 m

3.3 网格中的大卫

对于米开朗基罗而言，整块的原石里面，大卫就在那里，对于景观设计师而言，景观空间就在那里，需要我们在"魔方"中分而形之，"魔方"单元格尺寸如下图所示。

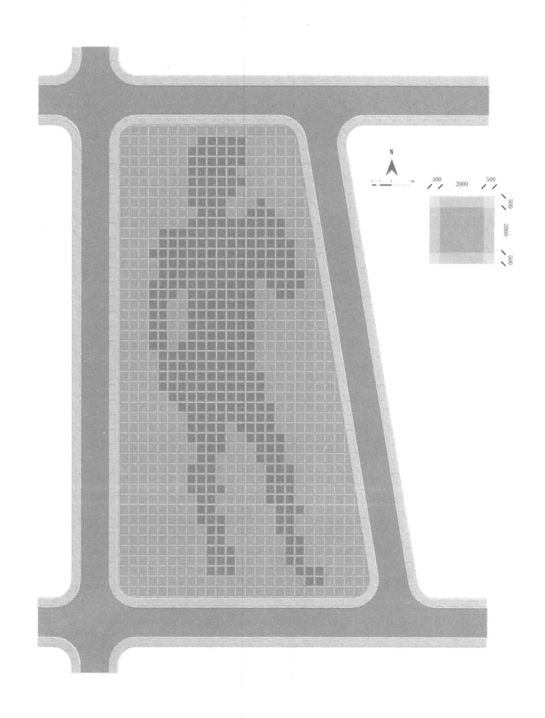

3.4　分形硬质空间

分形出"大卫"的宏观主体部分，在景观设计中就是分形出景观的硬质空间、入口空间、休息交往空间。作为设计训练，即使随意为之的勾勒，也能发生出其不意的故事。

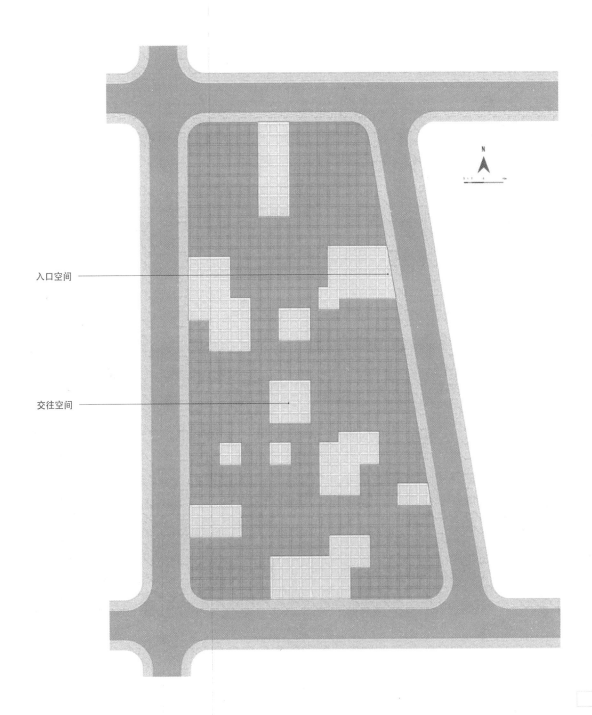

入口空间

交往空间

3.5 道路分形

把"大卫"的头、脚、身体联系起来,形成框架,在设计中无非就是形成道路,或者从一个空间过渡到另两个空间,完成第一次整体空间分形。

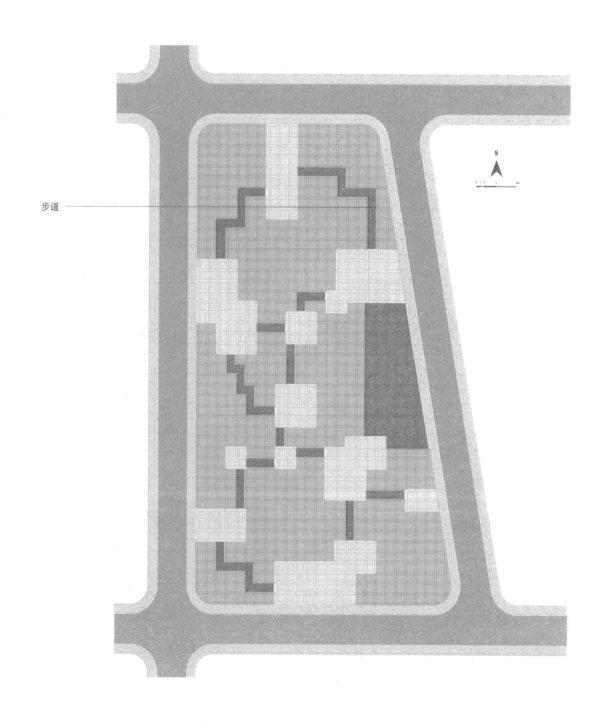

步道

3.6　水系分形

在图面效果中，有了蓝色，画面总是令人开心，蓝色的水面具有阴柔的调和之美，我们称之为阴的"减法"，依从网格勾勒水系，水面就如仓央嘉措的诗：你见，或者不见我，我就在那里，不悲不喜。水面也是设计中的二次整体空间分形。

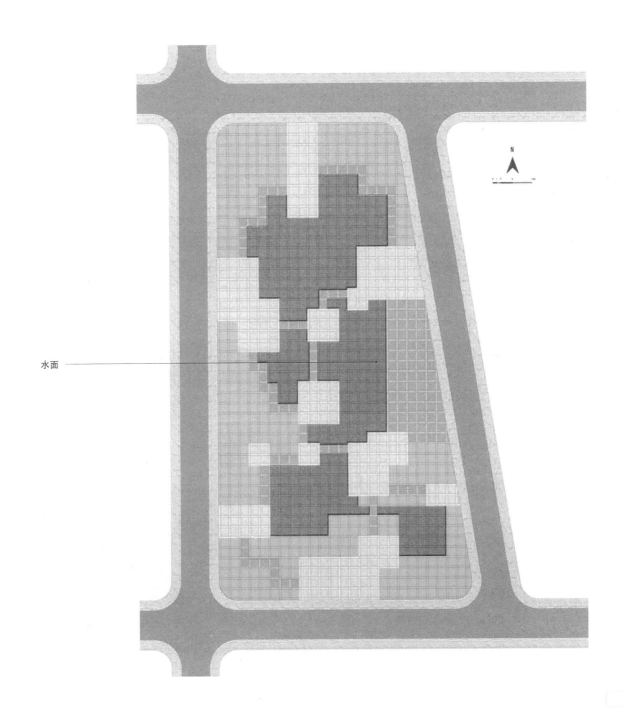

水面

3.7 水系二次分形

针对水面自身的二次分形，在"阴"的空间中寻找"阳"的空间。

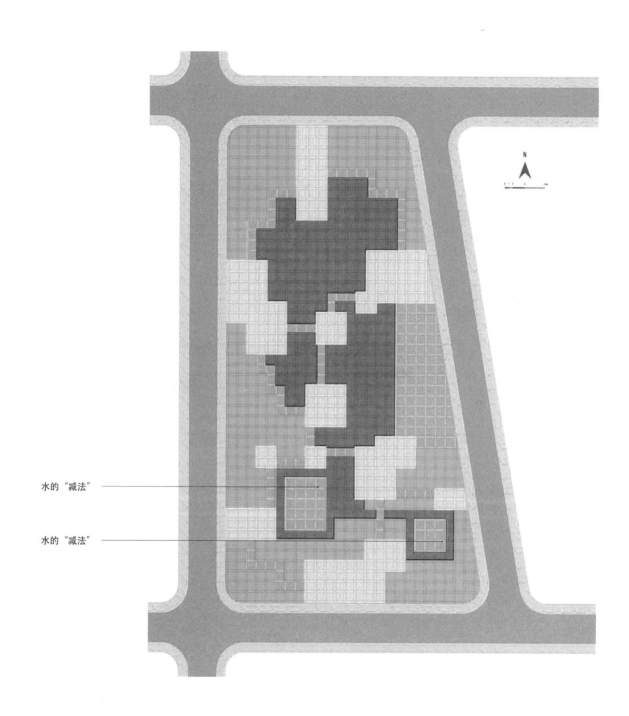

水的"减法"

水的"减法"

3.8　金角银边

分形空间的边缘都是最具景观变化与价值的所在，就如围棋空间的"金角银边"，是指围棋棋子放置的位置不同，其效率也相应不同，围棋以围地多少决胜负，围相同的空间，角部需要的棋子最少，边部次之。景观的边缘效应对美学或是生态而言都极为重要，因此在大局空间分形完成的情况下，就需要对分形边缘进行深入刻画，如水景岸线的处理。

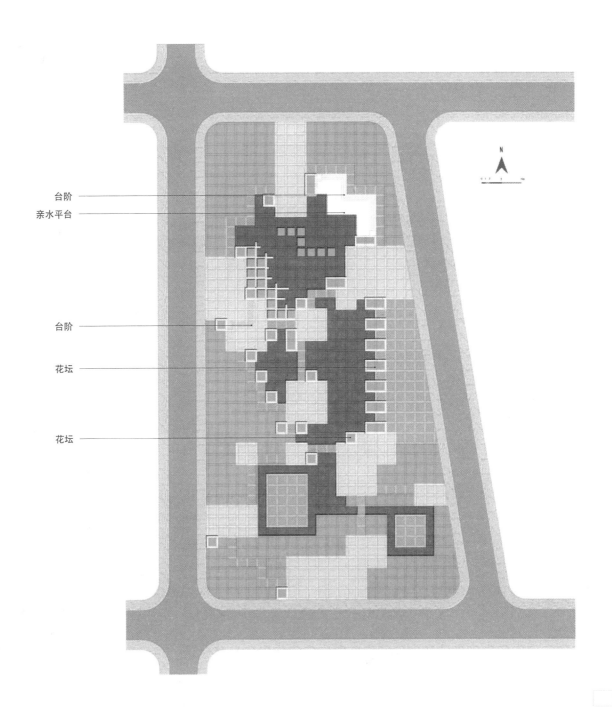

台阶

亲水平台

台阶

花坛

花坛

3.9 景筑分形

景观构筑作为景观设计的重要环节，是三维空间分形的重要组成部分，需要在整体布局中确定景观构筑的功能、位置、形式、风格等。但我们依旧可以在网格的分形中"找到"它们。考虑到接下去逐渐进入中观、微观分形，线条增多，我们将网格透明化。

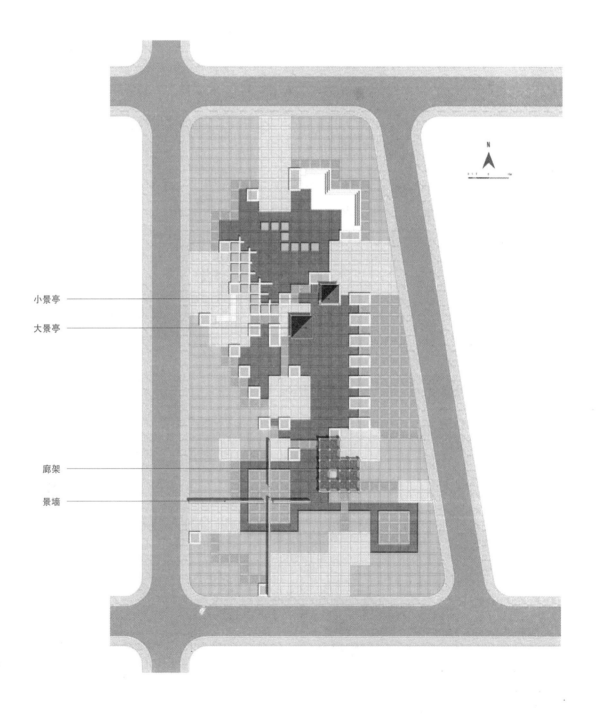

小景亭

大景亭

廊架

景墙

3.10　微观分形

矩形分形设计的整体布局完成以后，需要对每一个节点进行细致的分形刻画，做到每一个中观空间，每一条步道都能有可观之处的点，我们称之为"观点"，只有细节，即更进一步的微观分形才能将景观构成得更完美。基于书本的篇幅关系，我们将以局部放大进行描述。

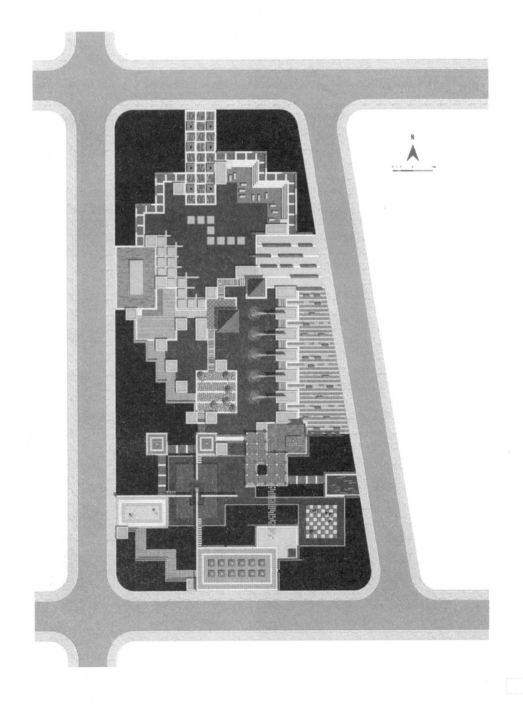

3.11　单树种网格分形

总有些植物老师是既不懂设计又不懂生态的认树专家，其实植物自己会生长，任何乔木都是美丽而神奇的，对于景观的植物造景，我们只需要知道鸡蛋好吃就行，并不需要知道是哪只母鸡下的蛋，比如下图，我们只需要依据网格分形种植一种乔木——水杉，挺拔的水杉第三次分形出场地的 Z 轴空间，就足够动人心魄。

3.12 微观分形

也可以多品种的树来分形竖向空间，但是没有必要超过十种，最好的树都应该种植在空间的角上，其次是边。林下地被也很重要，草坪有洗练之美，丰富的花境有繁荣之美。

3.13 区块一

景观的分形，不仅是结构上的分形，也是从宏观到微观的设计过程，细节构成完美，因此每一个局部的细微之处都不可忽略。林荫小广场是现代景观入口空间的重要组成部分，铺装与坐凳都属于魔方设计中的矩形微观分形，林下的坐凳尤其重要，人性化的坐凳才能让人停留。

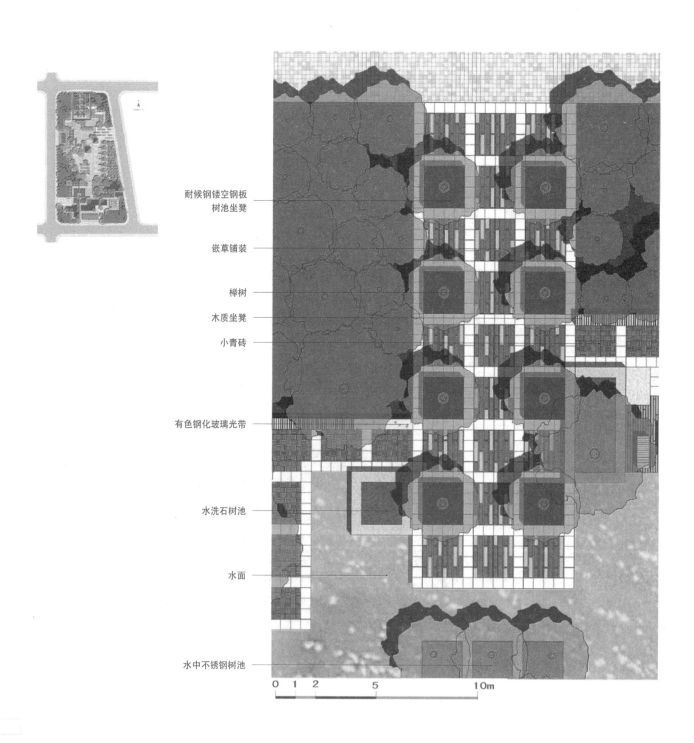

耐候钢镂空钢板
树池坐凳

嵌草铺装

榉树

木质坐凳

小青砖

有色钢化玻璃光带

水洗石树池

水面

水中不锈钢树池

0 1 2   5   1 0m

3.14 区块二

微观分形使图纸看似简单，实则精细，青砖步道，入口小广场，楔形钢板草地、花坛、台阶、木平台中的桑树和萤火虫式的景灯，水陆交接之处通过下沉亲水步道分形出水生植物种植槽，利用水生植物模糊水陆边界。

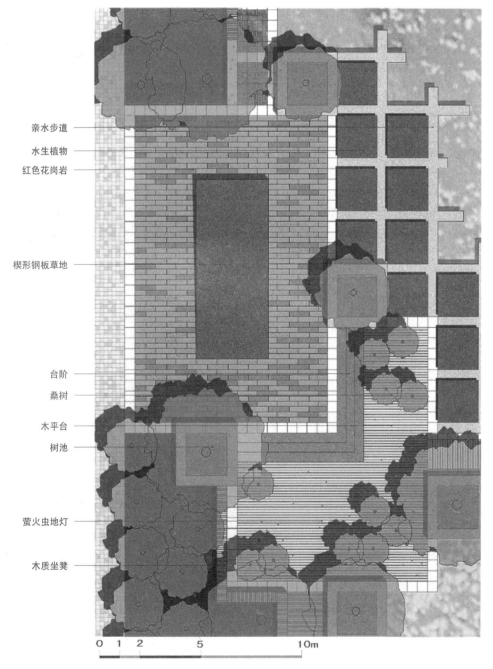

亲水步道

水生植物

红色花岗岩

楔形钢板草地

台阶

桑树

木平台

树池

萤火虫地灯

木质坐凳

0 1 2　　　5　　　　　　10m

3.15　区块三

虽然景观构筑并不一定得有亭子，但在水一方，有一两个亭子，总能为人们提供遮阴、挡雨以及休憩的功能空间。

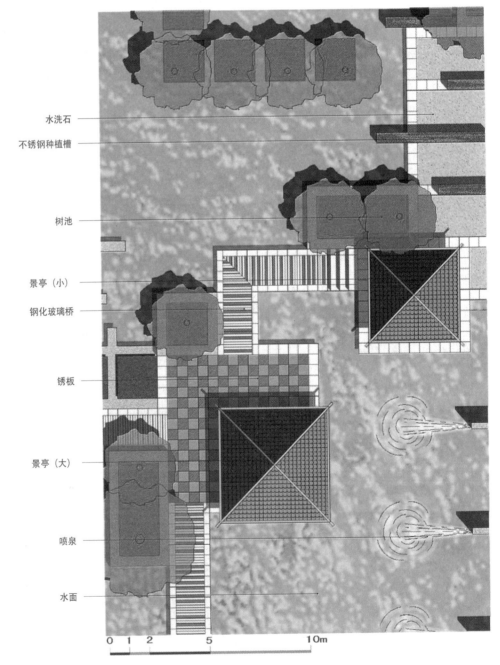

水洗石

不锈钢种植槽

树池

景亭（小）

钢化玻璃桥

锈板

景亭（大）

喷泉

水面

0 1 2　　5　　　　　　10m

3.16 区块四

矩形分形能产生犹如科赫曲线中的内凹角落空间，这种 L 形角落空间往往是最具景观价值的空间，当然空间最后是为人服务的，同时人也成为风景的一部分，也是"观点"之一。

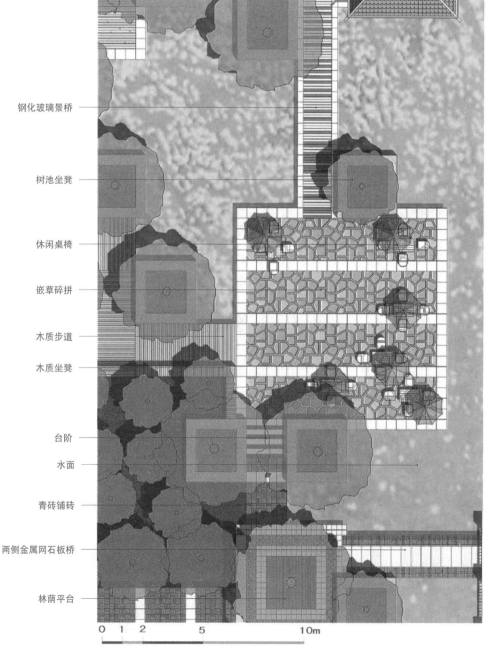

钢化玻璃景桥

树池坐凳

休闲桌椅

嵌草碎拼

木质步道

木质坐凳

台阶

水面

青砖铺砖

两侧金属网石板桥

林荫平台

0 1 2   5   10m

3.17　区块五

分形景墙分割空间又统一空间，不锈钢包裹的碎石岛虚实相间，水中有岛，岛中有水，是分形的奇妙之处。

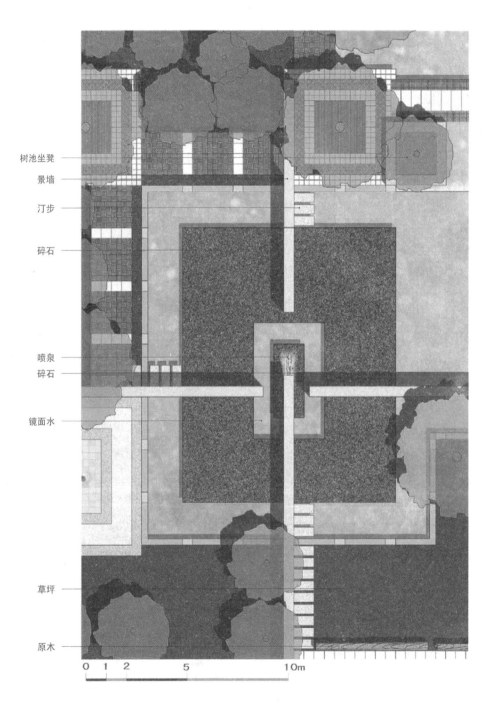

树池坐凳

景墙

汀步

碎石

喷泉

碎石

镜面水

草坪

原木

0　1　2　　　5　　　　　10m

3.18　区块六

分形阵列树池坐凳很平常，但是结合更细微的分形灯光，光带爬过木平台，爬过树池坐凳就变得生动，很多时候，一条有趣的坐凳就是"观点"。

草坪

原木

沙砾

光带

坐凳上的光带
树池坐凳

银杏树阵

木平台

0 1 2　　5　　　　　　10m

3.19 区块七

林中的方块水面，其中的方形之岛再次分形成棋盘，上面是苔藓和白沙砾，棋子是光滑的卵石，颇有禅意之境。

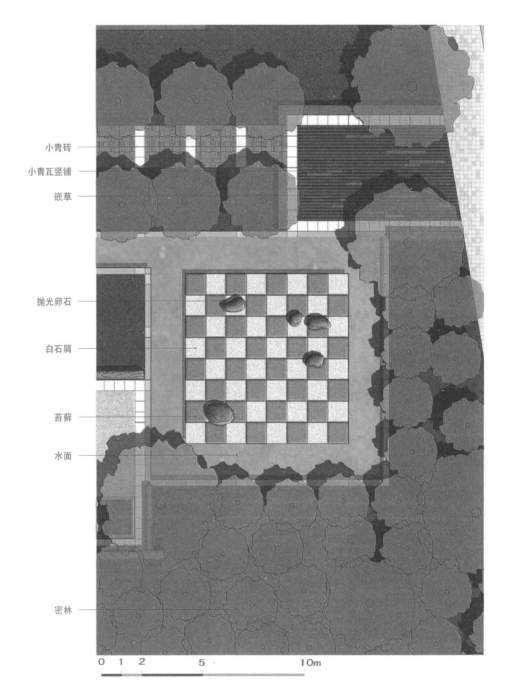

小青砖

小青瓦竖铺

嵌草

抛光卵石

白石屑

苔藓

水面

密林

0 1 2　　5　　　　　　10m

3.20　区块八

一个景观构筑的材料不需要过多，一两种材料足以创造有趣的构筑，纯净、洗练、细腻，但它们都离不开分形、树木和阳光。

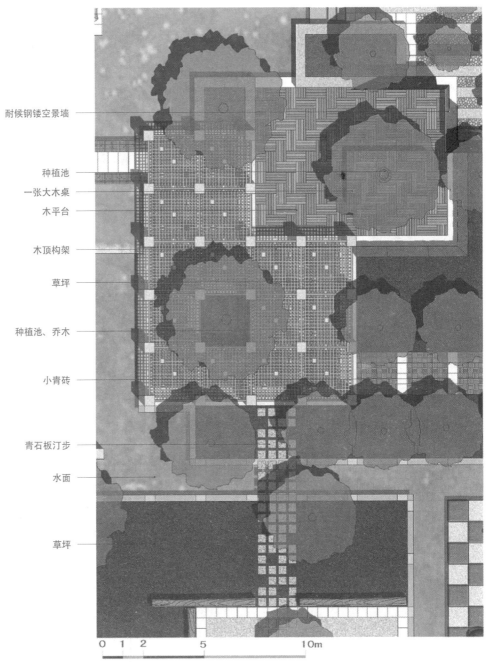

耐候钢镂空景墙

种植池

一张大木桌

木平台

木顶构架

草坪

种植池、乔木

小青砖

青石板汀步

水面

草坪

0　1　2　　　　5　　　　　　　10m

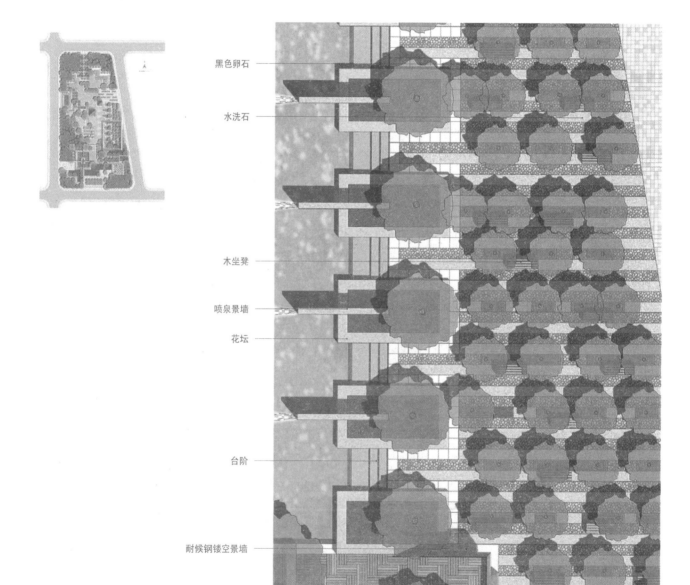

3.21　区块九

上文提到的带状分形空间应用性很强，结合现状场地，可以创造多样的功能空间。总之，分形越细微，空间越细腻。

黑色卵石

水洗石

木坐凳

喷泉景墙

花坛

台阶

耐候钢镂空景墙

0　1　2　　　5　　　　　　　10m

3.22　区块十

带状分形的不锈钢种植槽里种什么有意思？白茅、蒲公英还是鼠尾草？

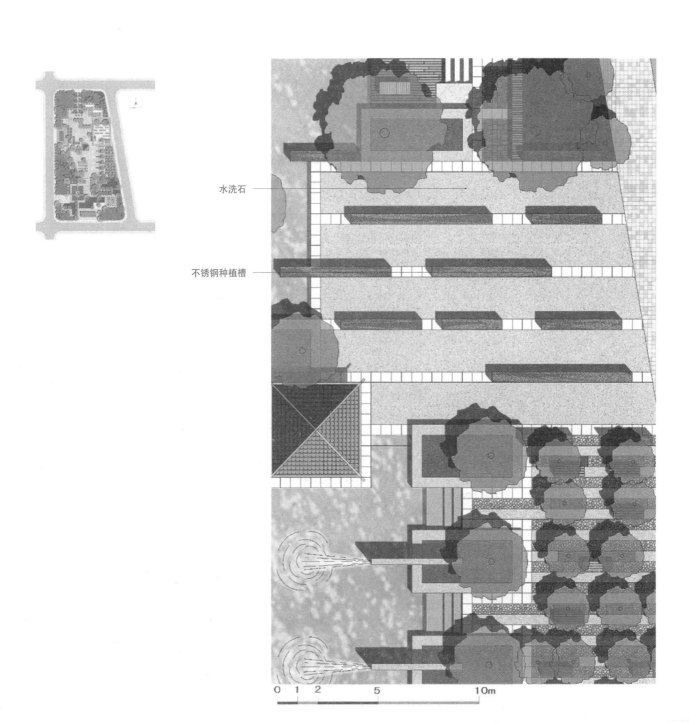

水洗石

不锈钢种植槽

3.23 区块十一

尽可能地在图纸上表达所有分形的内容，绘制高分辨率图纸，表现所有需要表达的细节。

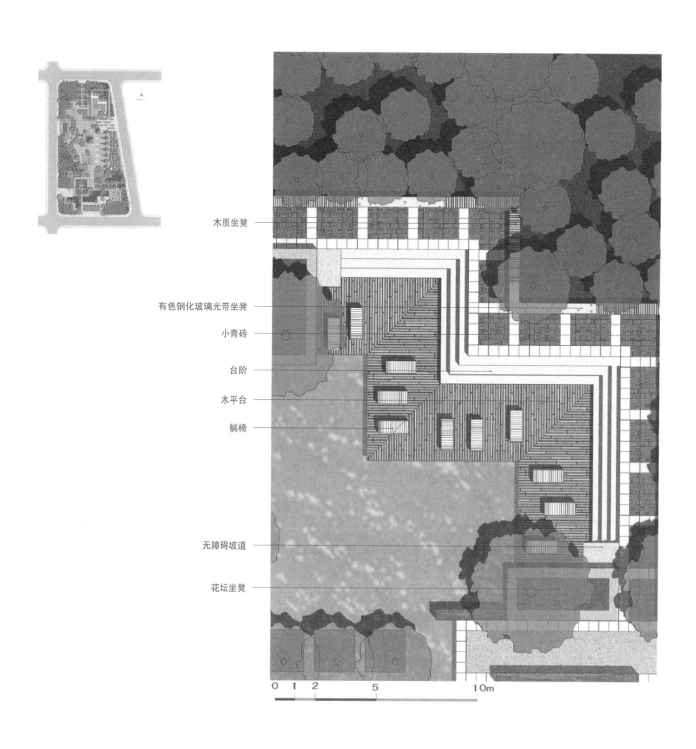

木质坐凳

有色钢化玻璃光带坐凳

小青砖

台阶

木平台

躺椅

无障碍坡道

花坛坐凳

0 1 2   5   10m

3.24　古典园林建筑

我们所知的传统园林大多是清园林，但经历各种变迁以后，连晚清都算不上，即便如此，其真正的精髓在于一切都需要各种能工巧匠的手工制作，比如榫卯结构、砖雕、木雕、细腻的铺装、堆山叠石，还需要清澈的水。基于传统建筑的朝向和四合院的结构，大致而言，传统园林的结构本质是矩形正交的，概莫能外，《清明上河图》上所描述的建筑布局大抵如此。在同一个场地中，我们依旧可以在网格的"魔方"中分形出建筑的基础结构。它和上一设计的硬质空间分形布局基本相似。

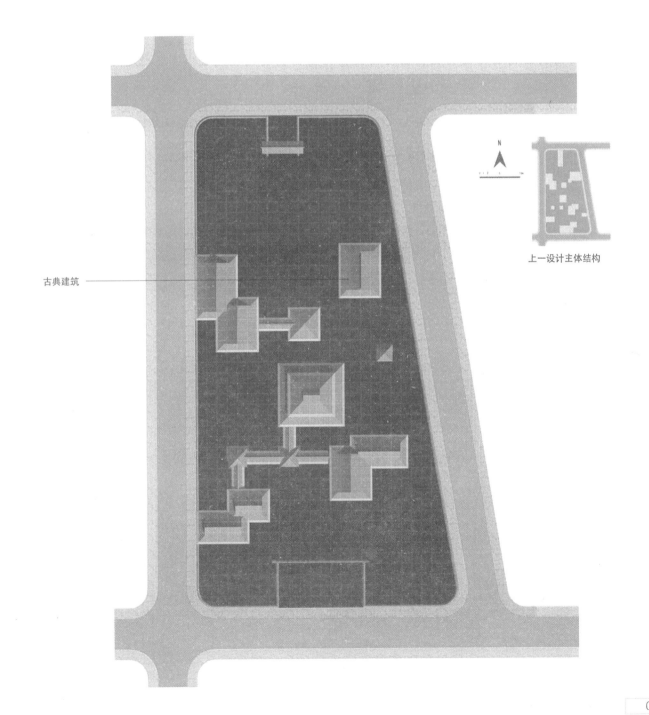

古典建筑

上一设计主体结构

3.25 铺装、水系分形

建筑、水系、通道形成不同的L形空间,结构布局和上一个设计如出一辙,黑与白，阴与阳，都存在于正交网格之中，这也是传统园林空间引以为傲的多变与丰富。

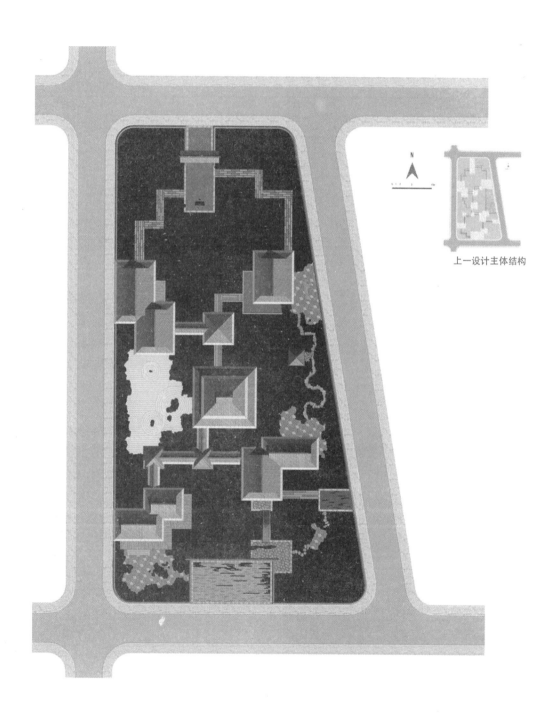

上一设计主体结构

3.26　叠石科赫曲线

古典园林最不可或缺的就是石头了，建筑、铺装与水系基地形成的多个
L 形空间内需要用石头勾勒出水系、岛屿、道路与山体，不能说这有多奥妙，
无非是在规则中增加了自然与曲线的元素，尤如不断分形、不断弯曲的科赫
曲线。古典园林设计中的叠石很难用图纸表达，大部分的工作需要石匠、木
匠、泥瓦匠、竹篾匠等传统工匠来完成。

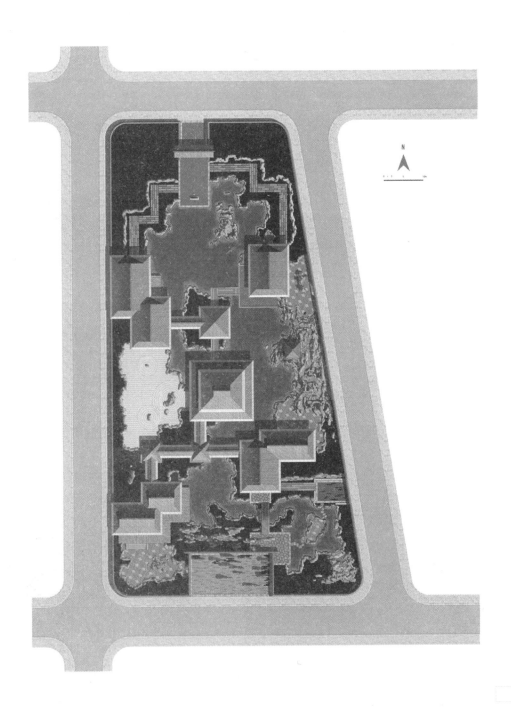

3.27 乔木分形

乔木的种植依旧遵循"金角银边草肚皮"的分形设计原则，传统园林中的乔木大多为：梅、桃、李、杏、梨、海棠、玉兰、辛夷、山茶、紫薇、绣球、紫荆、栀子、樱桃、杜鹃、石榴、木槿、桂、合欢、木芙蓉、瑞香、茉莉、蜡梅、松柏、梧桐、槐、榆、黄杨、柳、红枫、乌桕、冬青、棕榈、芭蕉等。年深日久，无树不可观也。

3.28　区块一

　　我们现在已无法完完全全地复原传统园林，这和传统工艺、传统材料的消逝密切相关。就资源讲，既没有相应的大型木料，也无各种品相的太湖石及其他石料；就工艺讲，绝大多数的传统工匠技艺所剩无几；最根本的是孕育传统园林的文化背景荡然无存。但是应当说，园林也好，文化也罢，都遵循着适者生存，优胜劣汰的原则，没有必要过于沉湎，最好的黄金时代正是当下！

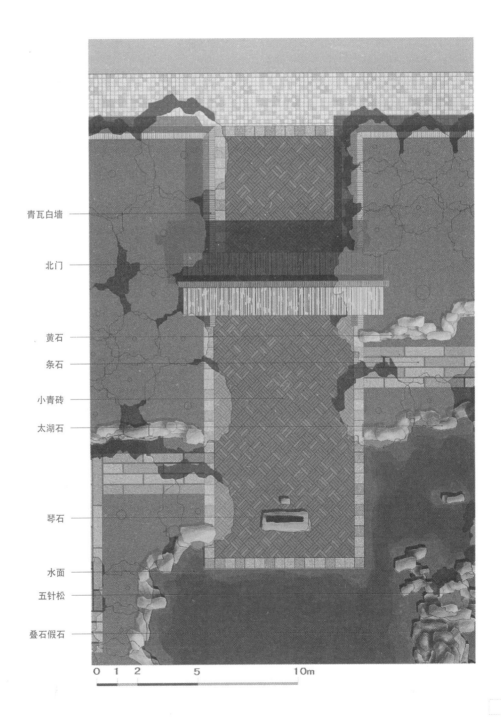

青瓦白墙

北门

黄石

条石

小青砖

太湖石

琴石

水面

五针松

叠石假石

0 1 2　　5　　　　　10m

3.29　区块二

世界上有两种神奇而美好的东西，自然界的一切生命和人类基于善的智慧。中国的传统园林与建筑密不可分，集合了先民的生存智慧与审美情趣，没有建筑也就没有园林，建筑内外空间的界限是模糊的。只可惜我对建筑知之甚少，我们只能在"魔方"里分形建筑的位置与大概形态。

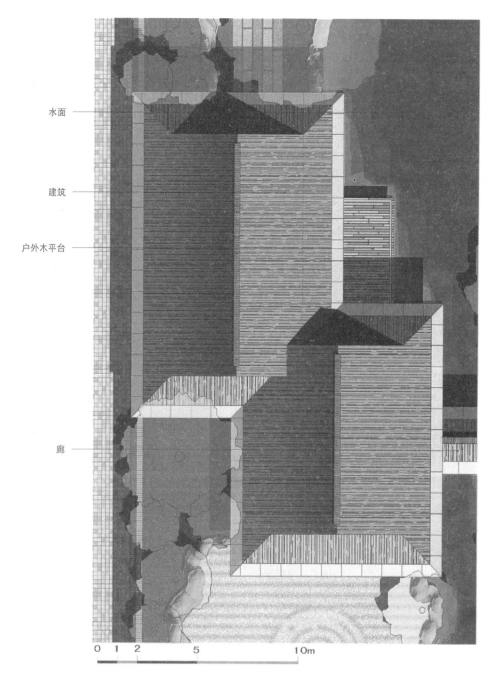

水面

建筑

户外木平台

廊

0　1　2　　　5　　　　　　10m

3.30 区块三

岛屿在中国的神话和诗歌里出现频率极高，传统文人认为与陆地隔离的岛屿有着一种"仙"和"隐逸"的神圣感。因此传统园林不管场地大小，总离不开他们对岛屿的想象与迷恋。

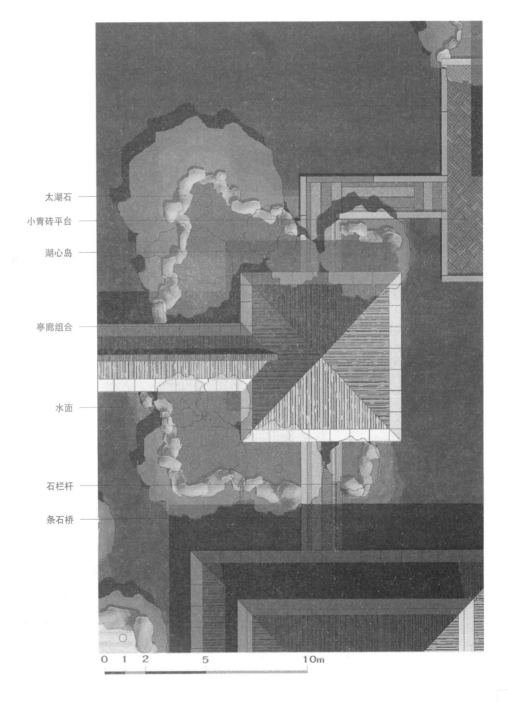

太湖石

小青砖平台

湖心岛

亭廊组合

水面

石栏杆

条石桥

0 1 2 5 10m

3.31 区块四

东方园林在很大程度上就是盆景式园林，日本园林亦起源于隋唐盆景，它的集中代表就是枯山水，相较于日本园林，中国园林空间更加丰富，但失之烦琐阴郁，以及叶公好龙式的"隐逸"，所谓的寄情山水往往只是一种虚伪的舒适。

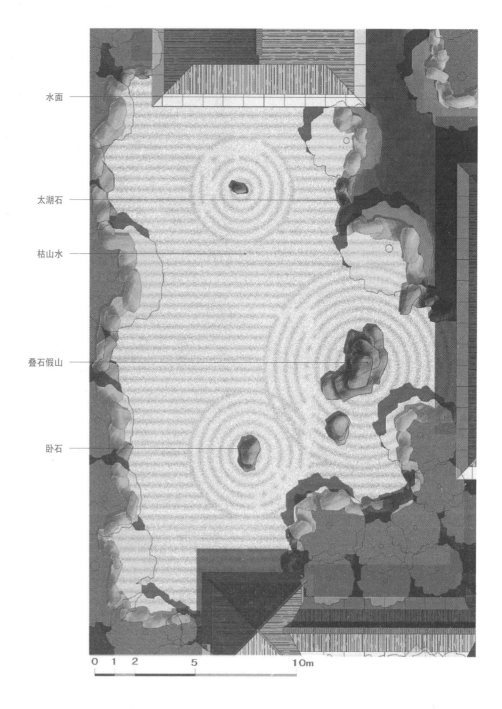

水面

太湖石

枯山水

叠石假山

卧石

0　1　2　　　5　　　　　　　10m

3.32　区块五

《牡丹亭》中的院子很好："原来姹紫嫣红开遍，似这般都付与断井颓垣。良辰美景奈何天，赏心乐事谁家院！恁般景致……朝飞暮卷，云霞翠轩；雨丝风片，烟波画船，锦屏人忒看的这韶光贱！是花都放了，那牡丹还早。遍青山啼红了杜鹃……他春归怎占的先……"

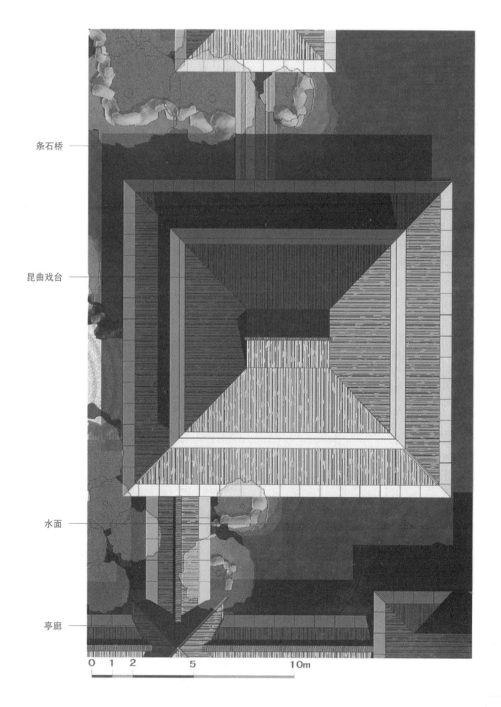

条石桥

昆曲戏台

水面

亭廊

0　1　2　　　5　　　　　　　10m

3.33　区块六

传统园林基本每个空间都是矩形的,但总会通过叠石将边际分形成曲线。

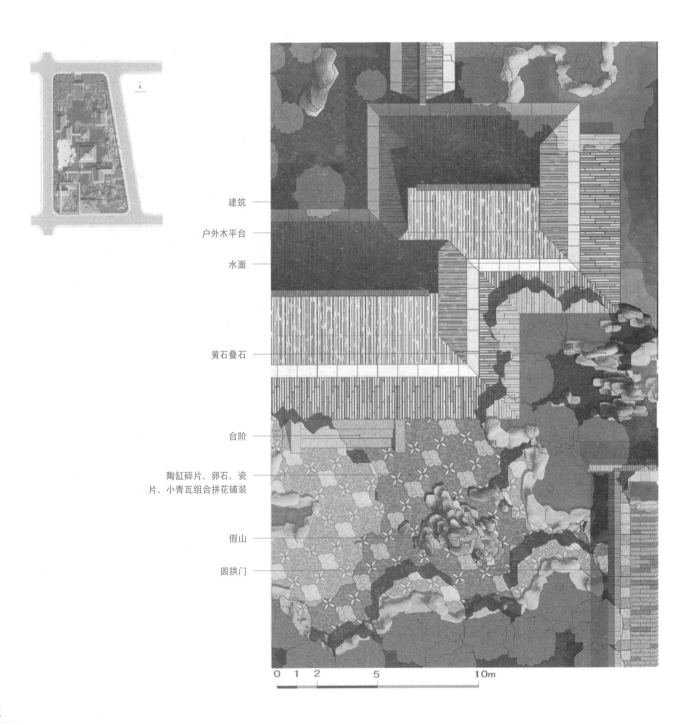

建筑

户外木平台

水面

黄石叠石

台阶

陶缸碎片、卵石、瓷
片、小青瓦组合拼花铺装

假山

圆拱门

0　1　2　　　5　　　　　　　10m

3.34　区块七

欲扬先抑，先藏后露。

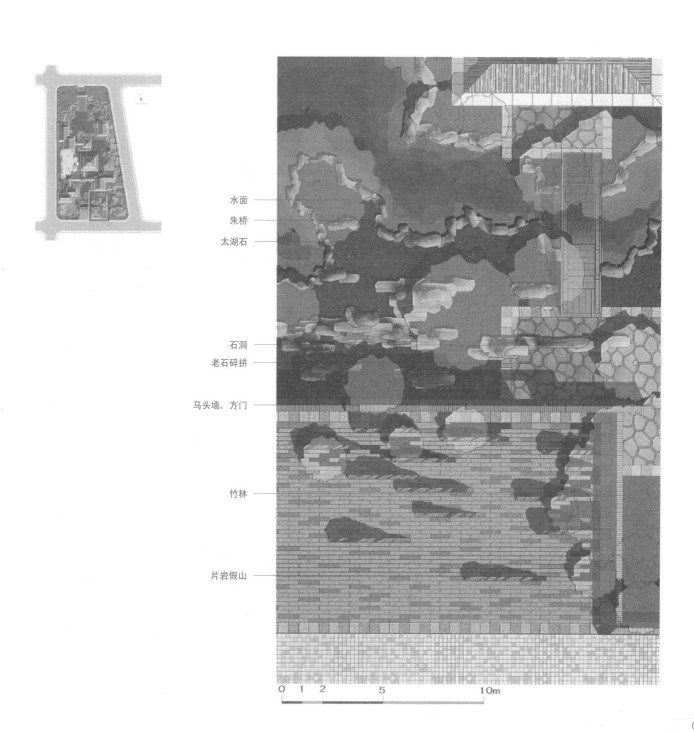

水面

朱桥

太湖石

石洞

老石碎拼

马头墙、方门

竹林

片岩假山

0　1　2　　5　　　　　10m

3.35 区块八

水体要有足够的分形变化，需要动静结合，叠石瀑布形成源头。

青瓦铺装 ——

条石坐凳 ——

汀步 ——

太湖石 ——

水面 ——

铺装小岛 ——

叠石瀑布 ——

密林 ——

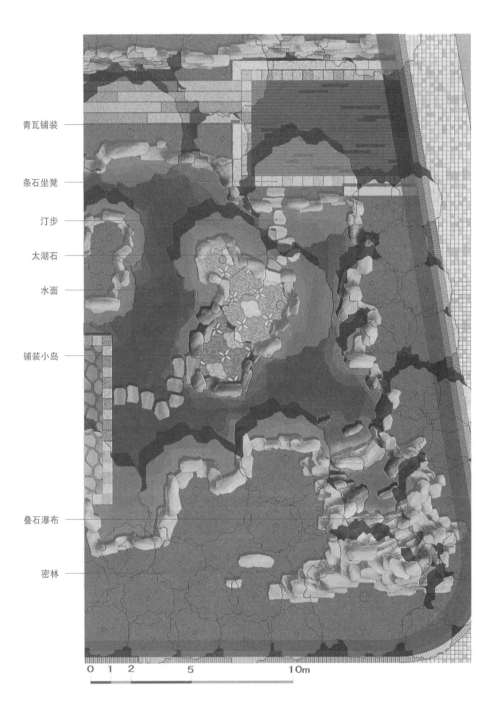

0 1 2   5   10m

3.36　区块九

最重要的大型堆石假山，也是园区的制高点，石阶蜿蜒而上，同时也需要一个观景之亭。

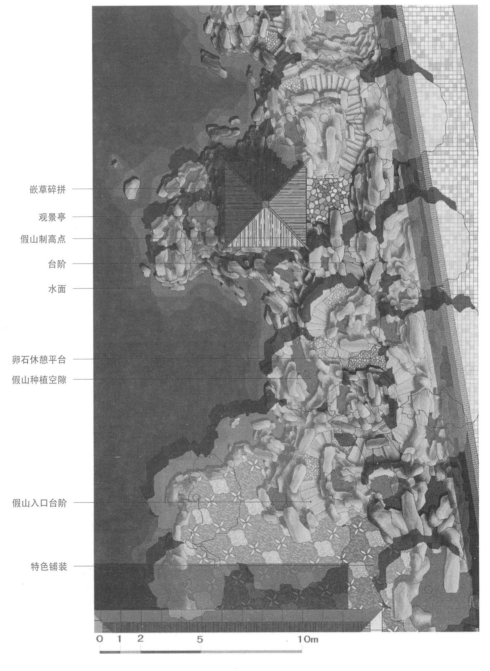

嵌草碎拼

观景亭

假山制高点

台阶

水面

卵石休憩平台

假山种植空隙

假山入口台阶

特色铺装

0 1 2　　5　　　　　　10m

3.37　区块十

整个园一般需要一座独石成峰的名石，比如"冠云峰"。

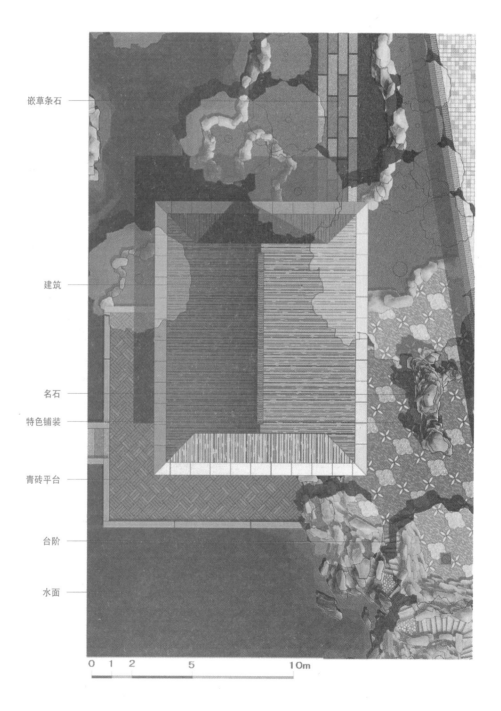

嵌草条石

建筑

名石

特色铺装

青砖平台

台阶

水面

0　1　2　　　　5　　　　　　　　10m

3.38　区块十一

叠石在传统园林中举足轻重，有湖石驳坎、瀑布叠石、假山叠石、独石奇峰等，形式众多，即使是平面图，每一块也都需要细腻的刻画。

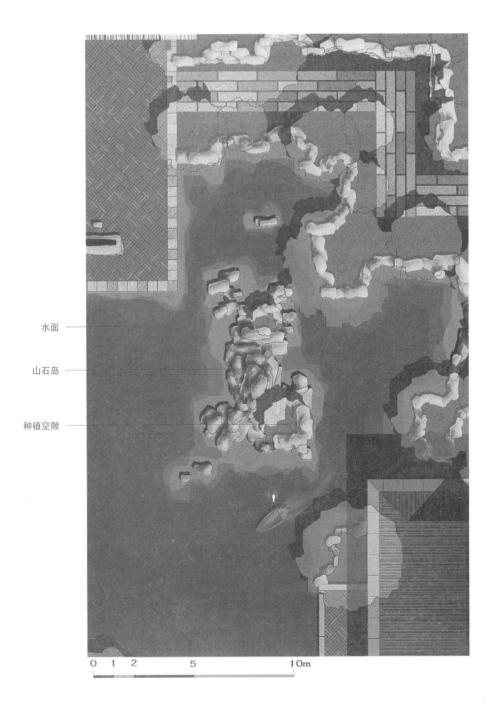

水面

山石岛

种植空隙

3.39　地台分形

在实际项目中，存在大量具有高差的场地，我们假设下图场地从上到下均匀下降，存在12 m的落差。我们依旧利用网格魔方来分形台地中的"大卫"，将网格旋转30°，单元尺寸依旧。

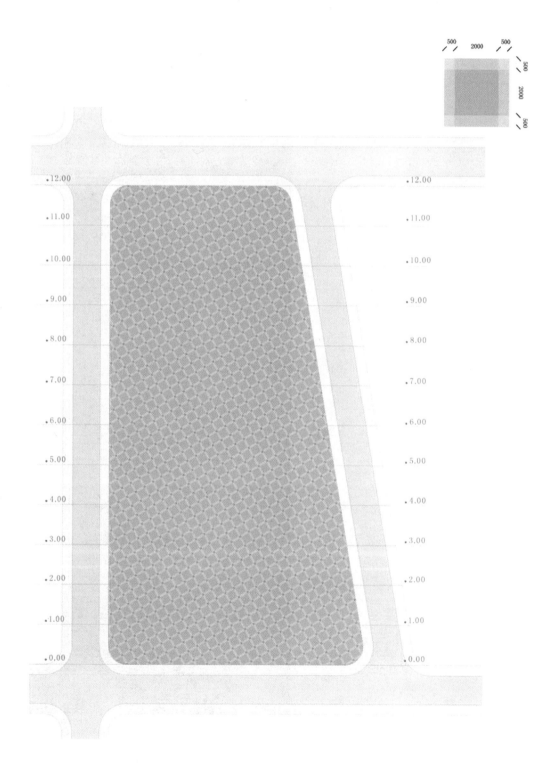

3.40　道路分形

此类台地景观场地，除了考虑场地的可达性，提供便捷的穿越也是景观道路很重要的一个方面，从均衡的角度考虑在网格中分形出主要道路结构，并计算道路一头到另一头的高差。

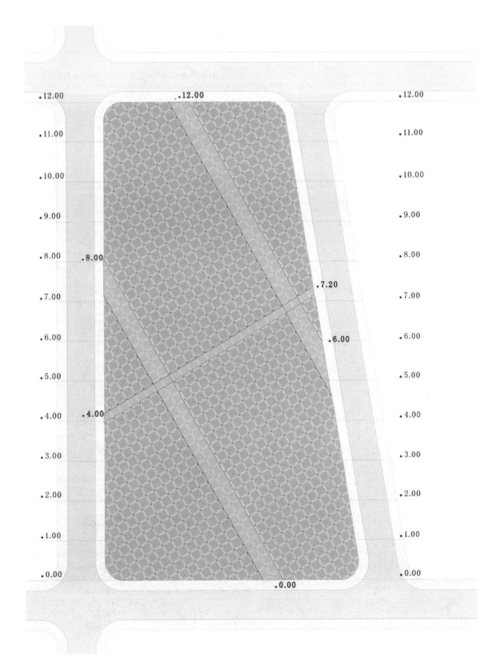

3.41 平台分形

由于人们停留在水平空间中才能感觉舒适，因此在斜面空间中分形水平空间是设计的重点之一，并考虑左右道路标高来恰当定位平台标高。

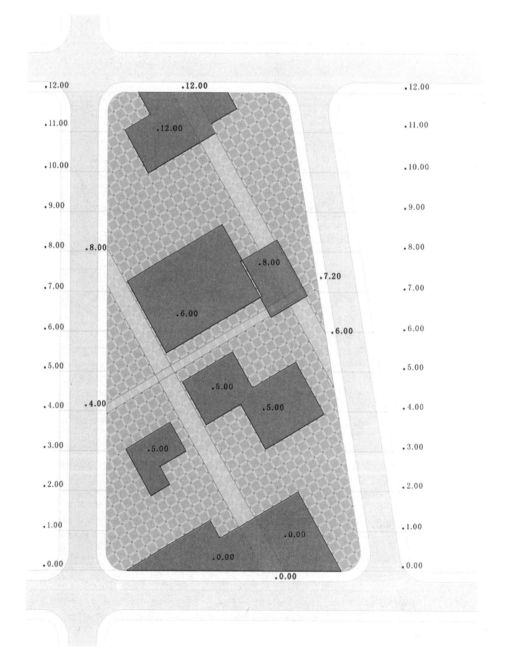

3.42 梯田分形

利用梯田进行分形，基本以 1 m 的落差结合平台逐个分解高差，同时需要考虑挡土墙的材质以及形式。

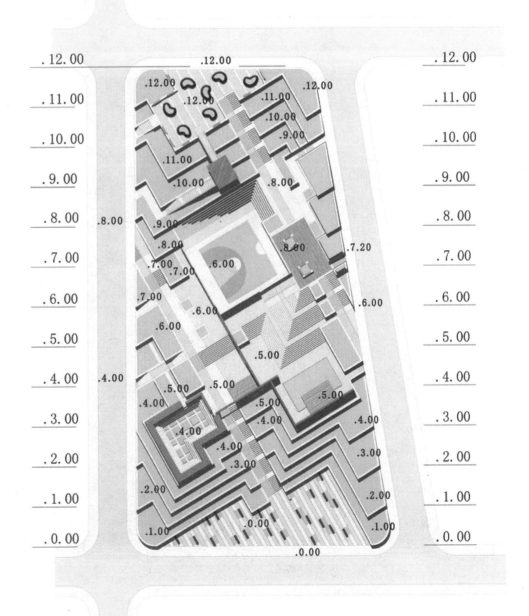

3.43 乔木分形

需要细节，需要台阶，因为影，才能感觉光，感知空间的存在。灌木和地被是台地花园的灵魂，乔木最后来统领各个空间。

3.44 区块一

台地景观看似简单，实则需要严格的计算，同样，看似简单的分形设计实则趣味无穷。

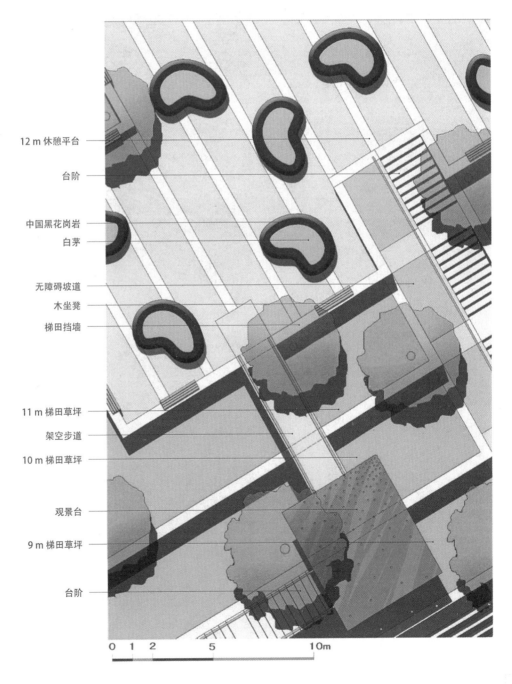

12 m 休憩平台

台阶

中国黑花岗岩

白茅

无障碍坡道

木坐凳

梯田挡墙

11 m 梯田草坪

架空步道

10 m 梯田草坪

观景台

9 m 梯田草坪

台阶

0 1 2   5   10m

3.45 区块二

即使在坡地上也可以分形到半个篮球场那么大的平地，另外在这个方案中，我们仅使用混凝土、塑木及塑胶铺装。在中国，景观对花岗岩的依赖过于严重，而花岗岩对资源和山体的破坏又触目惊心。

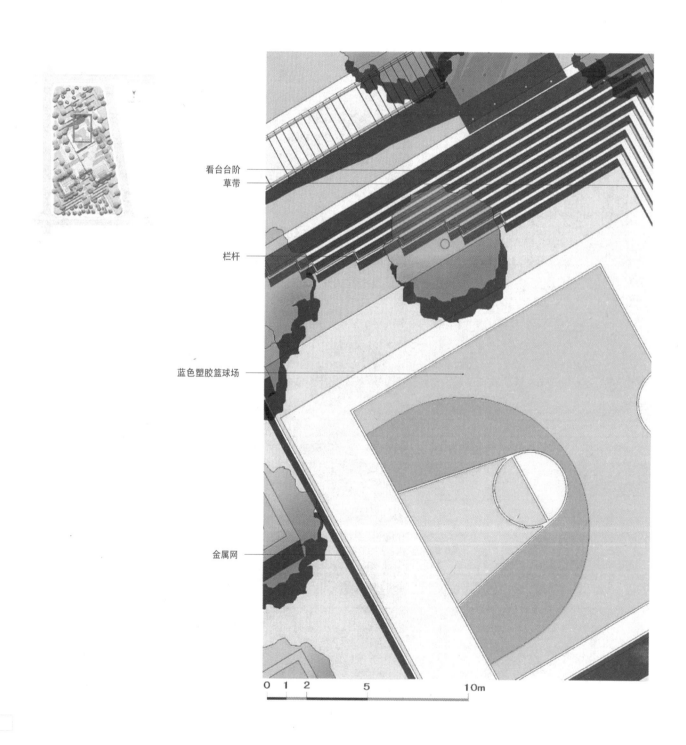

看台台阶
草带

栏杆

蓝色塑胶篮球场

金属网

0 1 2 5 10m

3.46 区块三

利用高差分形形成观景平台和跌水水景。

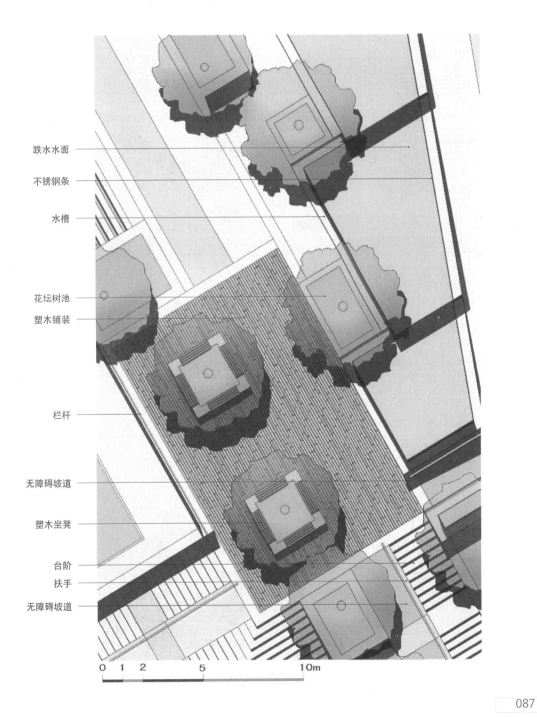

跌水水面
不锈钢条
水槽
花坛树池
塑木铺装
栏杆
无障碍坡道
塑木坐凳
台阶
扶手
无障碍坡道

0 1 2   5   10m

3.47 区块四

依据网格分形折叠的台阶，有着金字塔般的空间效果。

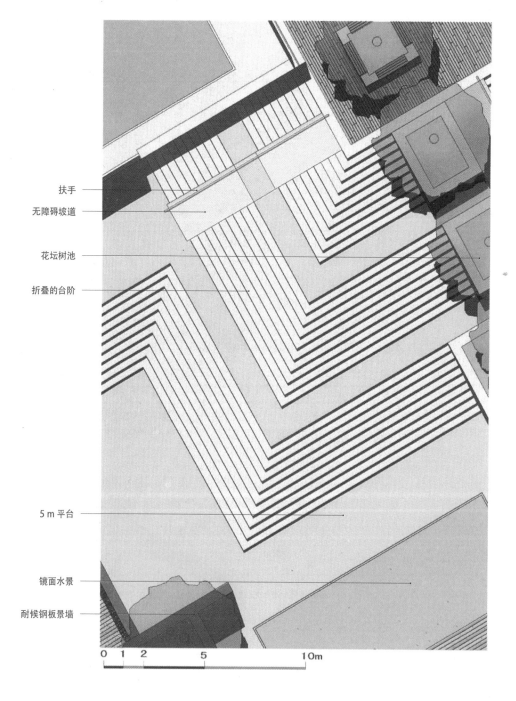

扶手

无障碍坡道

花坛树池

折叠的台阶

5 m 平台

镜面水景

耐候钢板景墙

0 1 2　　　5　　　　　　　10m

3.48　区块五

高差是天然的看台，利用现代技术，将电视屏幕镶嵌在网格分形的景墙中，这样人们可以坐在台阶上看球赛。

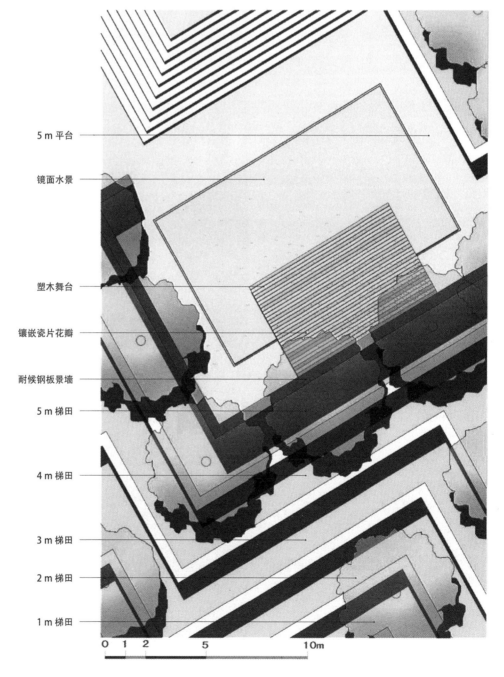

5 m 平台

镜面水景

塑木舞台

镶嵌瓷片花瓣

耐候钢板景墙

5 m 梯田

4 m 梯田

3 m 梯田

2 m 梯田

1 m 梯田

0　1　2　　　5　　　　　　10m

3.49　区块六

向北上升的台地中出现一个分形下沉空间，加上绿篱与乔木的围合，白沙、苔藓、水景多重分形，亦是一个静谧空间。

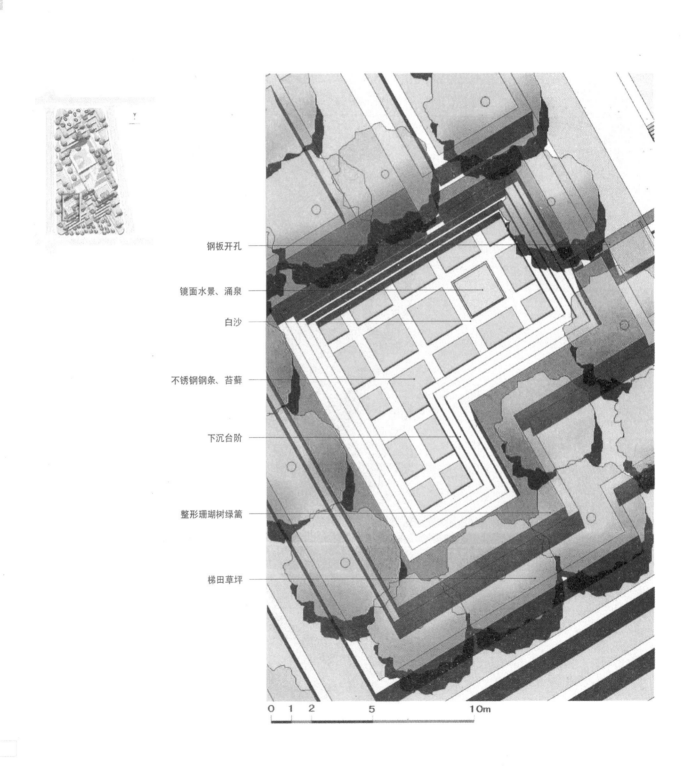

钢板开孔

镜面水景、涌泉

白沙

不锈钢钢条、苔藓

下沉台阶

整形珊瑚树绿篱

梯田草坪

0 1 2　　5　　　　　　10m

3.54 区块七

方块分形如此简单，却又能创造各种奇妙的空间。

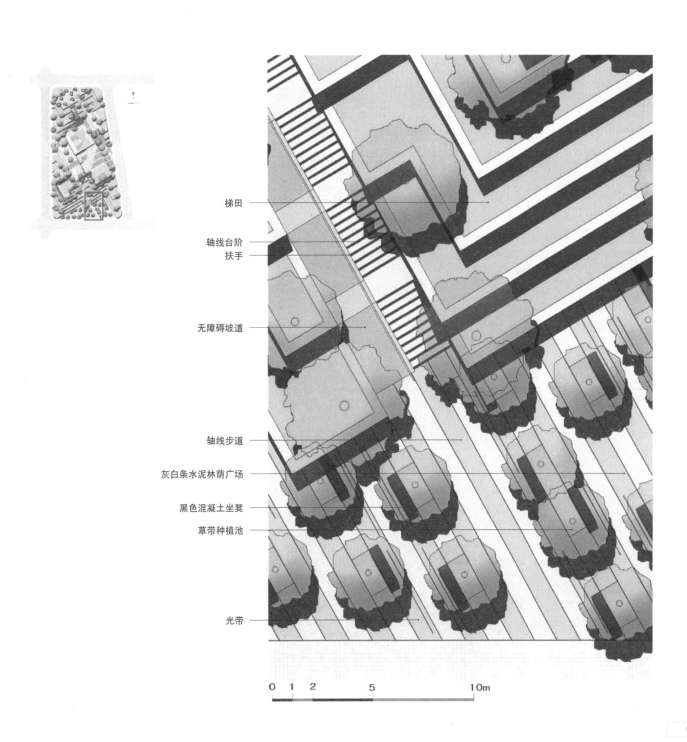

梯田

轴线台阶
扶手

无障碍坡道

轴线步道

灰白条水泥林荫广场

黑色混凝土坐凳

草带种植池

光带

0 1 2 5 10m

3.50 蜂巢分形

几何中，除了同一平行四边形可以将平面连续填满以外三角形也可以将平面填满。而其中数等边三角形最为神奇，在自然界中极少有矩形图案，而6个等边三角形组成的正六边形却极为常见，比如蜂巢、雪花、矿石、有机分子等，这是因为，正六边形可以不断地分形，就如以六边形为基础的科赫雪花。

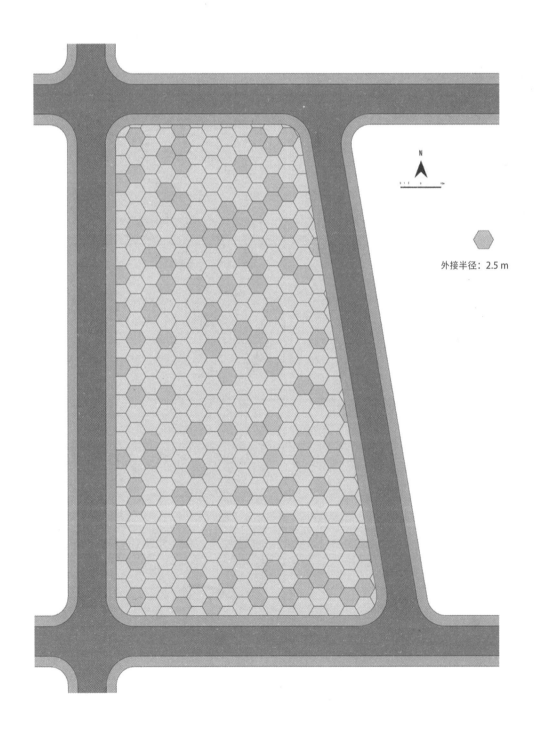

外接半径: 2.5 m

3.51 分合形空间

就如神奇的蜂巢，我们可以在蜂巢中分形出神奇的景观空间，但是正如上文所言，在蜂巢格子中，需要分形，也需要合形，才能找到无穷的具有韵律的六边形景观空间。下图是一个未完成的景观设计草稿，您是否看到水面、绿地、步道、桥梁、亲水平台、景观建筑以及葱郁的大树和地被？

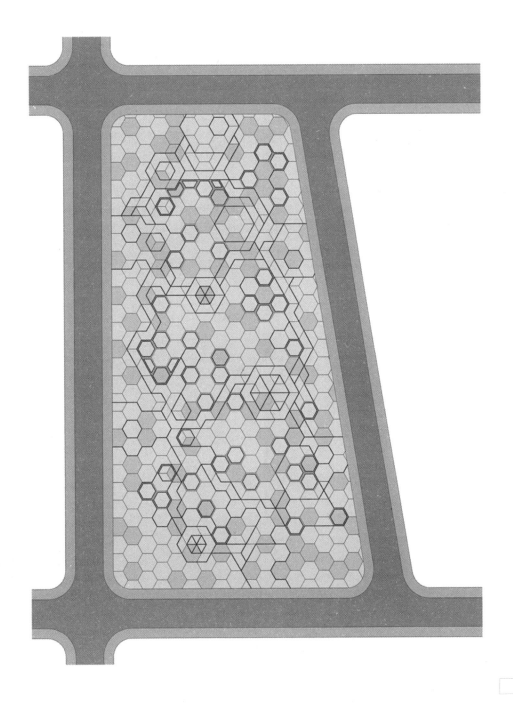

3.52 逆向分形

在既定尺寸蜂巢中分形景观设计，实际上是科赫雪花的逆向分形，或者说在一片六边形蜂巢中同时包含了更多、更大尺度的六边形，以此为基础，从中探寻不同尺度的六边形组合空间，得到水系、入口、道路、建筑、绿地和水生植物种植槽。

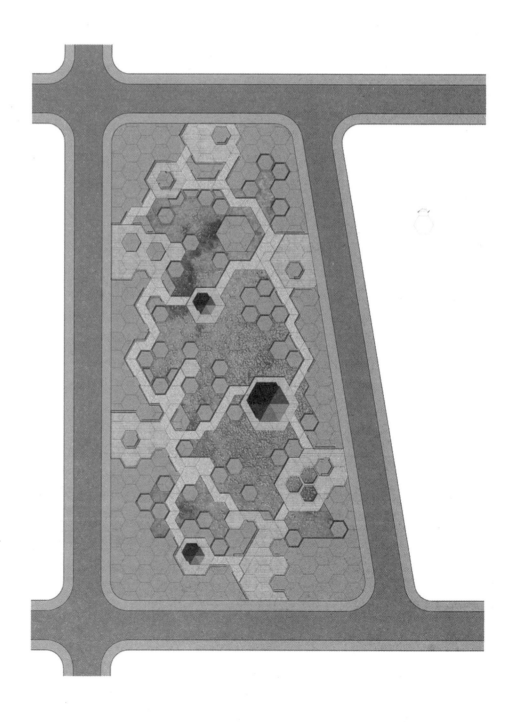

3.53 树、树、树

无法想象，没有树的景观是否还会有鸟鸣风吟？

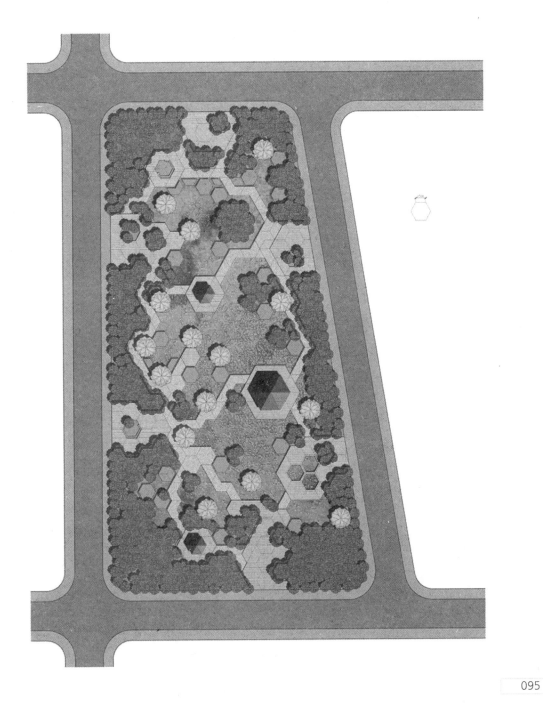

FRACTAL LANDSCAPE DESIGN

CHAPTER 4

第 4 章　曲线分形

4.1 林中之镜

两千多年前的墨子给圆的定义是：圆，一中同长也。自古以来人们从日月的形态获得圆形的概念，由此而膜拜圆形，岩画、玉器、青铜器、陶器等等无不深深地留下圆形的烙印，并影响到中国传统阴阳哲学观，留下太极、八卦等东方哲学图腾符号。传承至今，圆也成了美好的代名词：圆满、圆融、圆润，以至于学生也好，设计师也好，业主也好，在景观设计中都强烈地喜欢圆形构成形态。物极必反，圆的向心性演变成圆滑与集权，这也就是城市大广场中"大饼"如此多的原因，尤其是圆形中央一个雕塑的形式更是遍地都是。没有真正的圆，只有无限接近的正多边形，即正多边形不停分形的极限。回到圆的本根，人们从圆形中得到的是一种模糊、神秘的宇宙意识及东方阴阳辩证的哲学观，下图的圆是由树围合而成的，因其无，成其有。穿过同心圆分形生成的水杉林，悠长的树干勾勒出林中空隙的穹顶，宛如镜子的水面微高于地面，倒映着天空、树和注视它的人，微风吹皱了水面，使反射的阳光在幽暗的林中摇曳起来。若是其中增加雾森，能使这片林子更加奇幻。如此简约的设计是否削弱了使用功能？它能否为一些活动如休憩、散步、太极或者瑜伽提供场地？

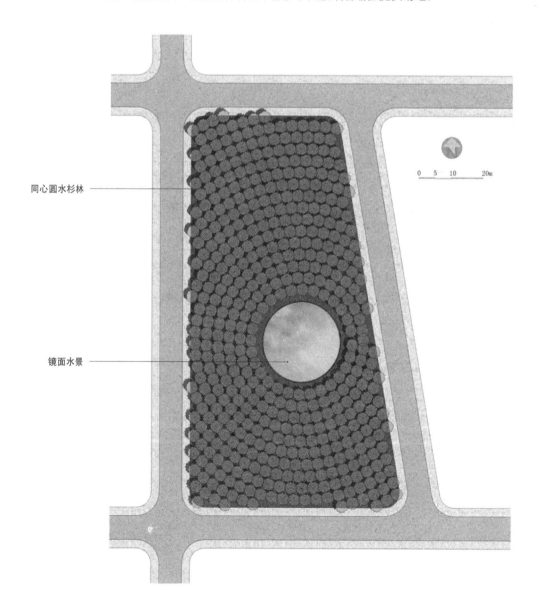

同心圆水杉林

镜面水景

0 5 10   20m

4.2 生长的绿球

一个个绿色的球面仿佛水面上的肥皂泡分形,无论大小,都有相似的结构。灰黑色碎石的粗糙与球面的圆润及生命的绿色形成鲜明的对比,碰到人行道被中断的部分需要考虑垂直挡墙。

碎石上种一片马尾松林,秋天红色的松针铺了满地,孩子们可以来捡拾松果,春天会有大量的松花粉,可以做糕点。这种趣味其实又浸透着设计者对自然以及生活的理解,因此如果你不热爱世间的生活,不理解自然,很难设计出奇妙的景观空间。

对于球面地形,为了保障其曲面的圆润,地被除了草坪以外也可以是紫花地丁、蒲公英、车前草、白茅等这些生长粗放的矮小型地被。

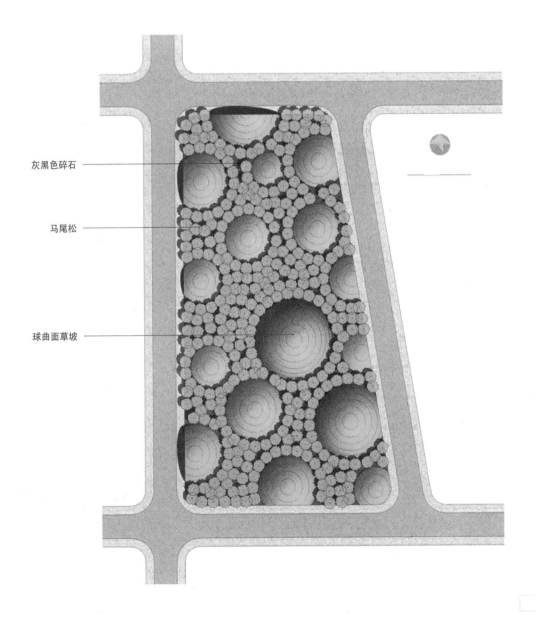

灰黑色碎石

马尾松

球曲面草坡

4.3 大饼分形

在教学当中，经常有学生喜欢用圆形分形构图，有的设计师也喜爱一圆接一圆的构图，但圆形中除了铺装就没有其他"观点"——可观之处的点，因此无趣乏味。所以即使是大饼接大饼的设计，也需要让这个"大饼"变得美味，才有"观点"。即使每个圆都已经有了观点，若无地形与乔木，"大饼"不被绿色包围，一则"大饼"们缺少联系，失去整体感，二则圆形空间需要有通过乔木围合的"陷落"与"下沉"的效果才能比较人性化，反之，若圆形空间是上升的，周边又无乔木的景观会产生强烈的"排他性"、"极权"等反人性感。

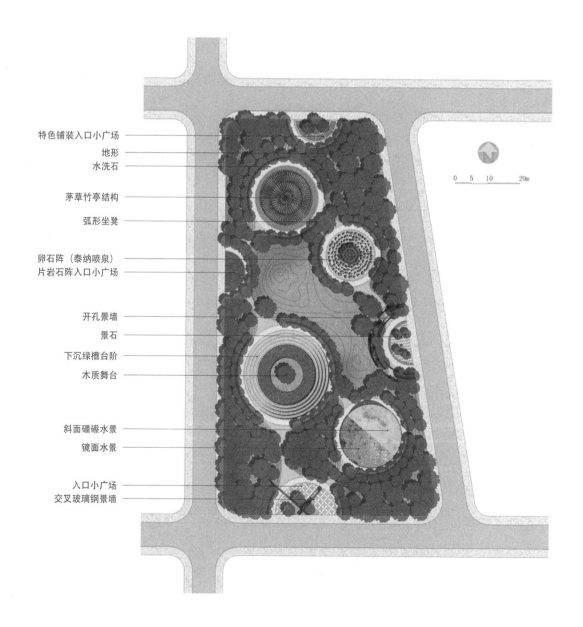

特色铺装入口小广场
地形
水洗石

茅草竹亭结构

弧形坐凳

卵石阵（泰纳喷泉）
片岩石阵入口小广场

开孔景墙
景石
下沉绿槽台阶
木质舞台

斜面礓磜水景
镜面水景

入口小广场
交叉玻璃钢景墙

0　5　10　　　20m

4.4 弧形分形泳池

大小三圆分形，用相切线相连的泳池形式较为普遍，结合弧形分形的休闲及绿化空间，空间效果柔和饱满，典雅精致。绘制四次线条即可得到基本分形，一次分形：绘制大小不等、圆心布局为钝角三角形的三个圆，然后用相切弧相连，得到泳池形状。二次分形：绘制宽窄不一、环绕泳池的外围休闲空间。三次分形：（一般泳池都为住区内庭）绘制曲线形式的入口线条，与二次分形相交。四次分形：局部需要绘制入口平台与休闲空间的过渡空间。五次分形：绿色空间自动形成。布局确定以后需要明确泳池的各个功能，下水台阶的使用，甚至林下空间桌椅、躺椅的设置也能使画面产生强烈的感染力，此图线条并不复杂，但依然有一种内敛的秀美。内敛也是大部分景观设计需要依从的一种精神，只可低调华丽，不可土豪奢华。

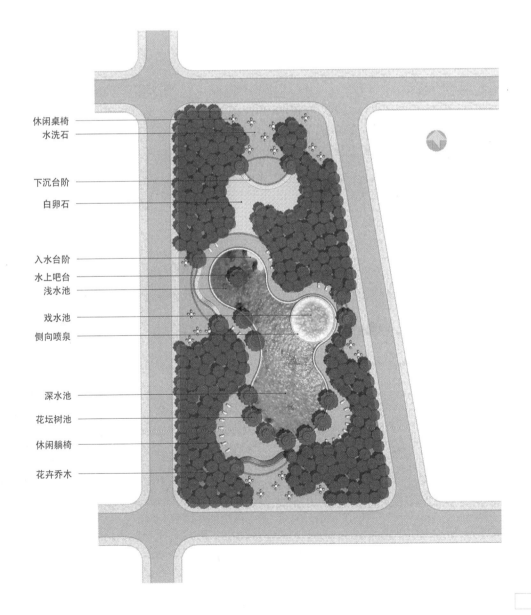

休闲桌椅
水洗石

下沉台阶
白卵石

入水台阶
水上吧台
浅水池

戏水池
侧向喷泉

深水池
花坛树池
休闲躺椅
花卉乔木

4.5 一个圆的舞蹈

即使是唯一圆心的同心圆也能分形出多义、多重的空间效果，下图的草坪、铺装、景墙、坐凳四种元素依从于同一圆心，五堵景墙分形出多个亚空间，开孔提供了穿越，坐凳提供了休憩，而单块粗糙的混凝土预制板在此整体弧形分形下则提供了细腻的肌理。极简的构成也能表达古朴的韵味，樱花的集散构成统领上层空间，五道弧形景墙上攀爬着五种不同的攀援藤本植物，月季、爬山虎、络石、凌霄、薜荔等，这些藤本植物在两年之内就能让绿色覆盖石墙，也可以在石墙外置铅丝网，以供莴萝、牵牛、葫芦、丝瓜、南瓜等藤本草花蔬菜攀爬，不同的植物品种界定出各个亚空间的属性，人们穿过不同的门，发现不同的景观。

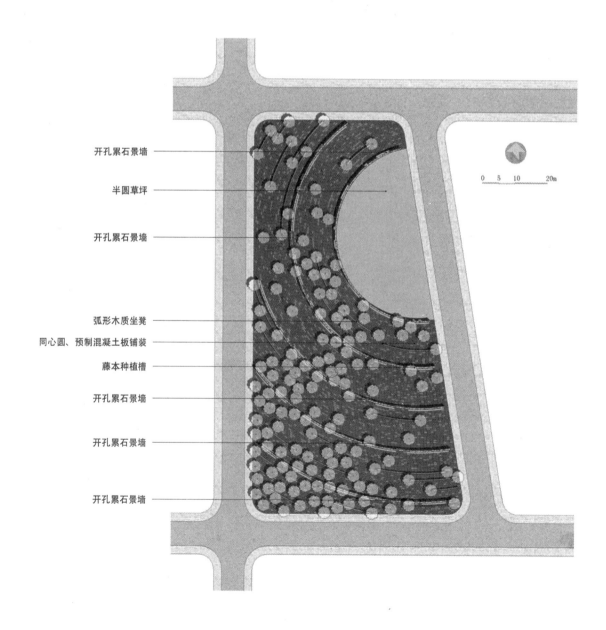

开孔累石景墙

半圆草坪

开孔累石景墙

弧形木质坐凳
同心圆、预制混凝土板铺装
藤本种植槽

开孔累石景墙

开孔累石景墙

开孔累石景墙

0   5   10   20m

4.6　三个麦田圈

虽然三个麦田圈同心分形，引人注目，但场地减去三个圆剩下的线条内缩偏移分形的深浅色铺装区域也同样可以成为场地景观的重心。

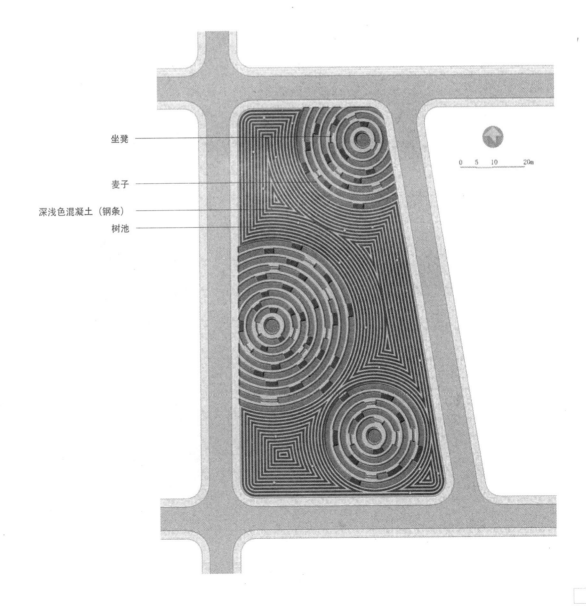

坐凳

麦子

深浅色混凝土（钢条）

树池

0　5　10　　20m

4.7 分形异形曲面

当内缩的曲线成为一系列的分形等高线时，这个异形曲面就仿佛是个具有多种"山脊"的极限运动场地。即使同样的构成，当地形发生分形变化时，整个设计也因此翻天覆地。

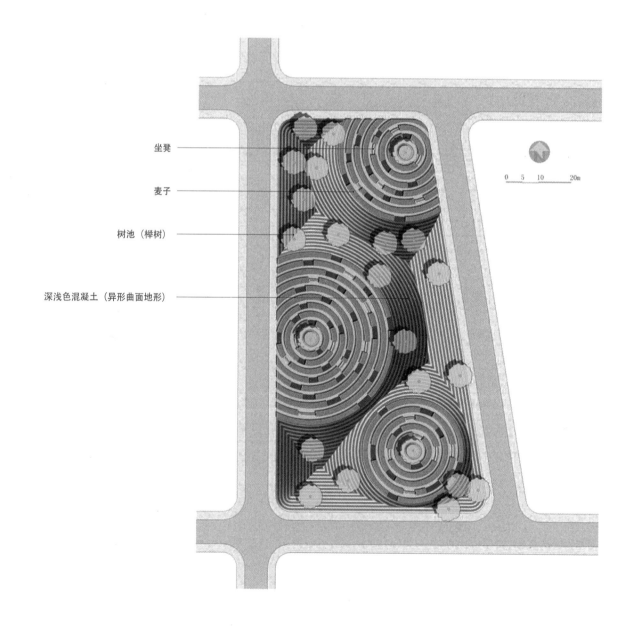

坐凳

麦子

树池（榉树）

深浅色混凝土（异形曲面地形）

0   5   10   20m

4.8 铺装上的分形岛屿

设计可以逆向进行，即在硬质铺装中分形绿色空间及其他，下图由中国黑与芝麻灰花岗岩平行间隔而成的铺装中漂浮着绿色的岛屿，需要用等高线来表达岛屿的高矮、陡缓以及山峰、山谷、山脊局部出现的鞍部。等高线虽然由一系列简单的曲线分形组成，但要注意的是：1. 杜绝同距偏移，即使是微小的地形也需要有陡缓。2. 曲线应疏密有致，渐变的轮廓变化才能使地形具有陡缓和扭动。3. 成图以后山脊线基本应是一条曲线而非直线。4. 鞍部通常最为舒缓。

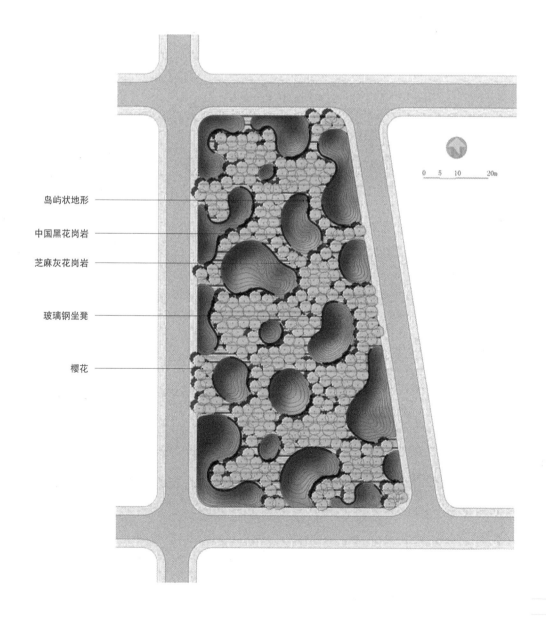

岛屿状地形

中国黑花岗岩

芝麻灰花岗岩

玻璃钢坐凳

樱花

0 5 10   20m

4.9 柔和分形

通过地形外轮廓曲线的扩边分形成的红色塑胶步道，侧边挺括的钢条又勾勒分形出多个柔和的白石屑空间，地形与白石屑场地形成了正负空间对比，或者说空间阴阳的调和，它们相互依存，可以说是地形的"正"，造就了白石屑场地的"负"，反之亦然。场地中所有线条都是曲线的分形，因而每一个局部都如丝绸般柔和。景观上除了设计空间，也须赋予空间色彩，此处呈现了四种极为纯净的色彩：地形草坡的绿色，塑胶步道的红色，石屑和樱花的雪白，曲线坐凳的黑色。

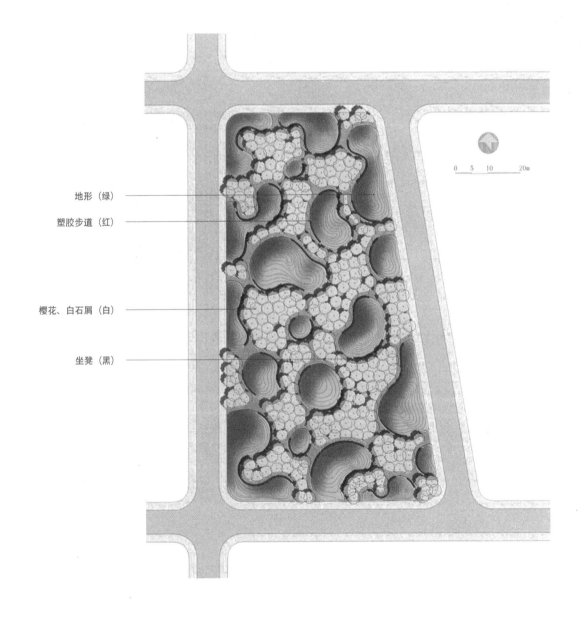

地形（绿）

塑胶步道（红）

樱花、白石屑（白）

坐凳（黑）

0 5 10 20m

4.10　肌理、等高线分形叠加

　　由深浅色水洗石曲线肌理铺装和等高线绘制的地形，两个看似完全无关联的分形叠加在一起却创造了流动的空间效果。并非只有土壤才能构建地形，硬质铺装空间在现代工艺技术下也能创造多变的异形曲面，犹如一个技巧滑雪场地。需要注意的是地形设计要考虑排水问题，防止积水。

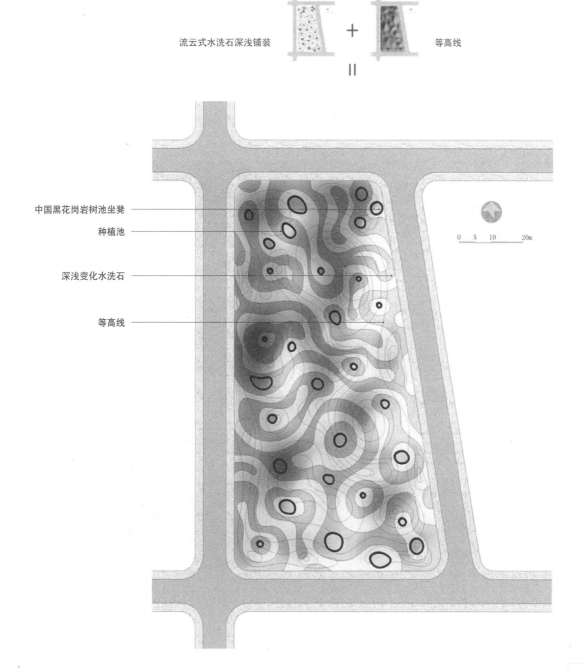

流云式水洗石深浅铺装　+　等高线

中国黑花岗岩树池坐凳

种植池

深浅变化水洗石

等高线

0　5　10　　20m

4.11 分形大地艺术

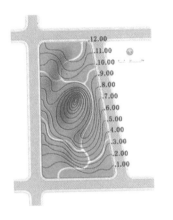

在实际项目中，存在大量具有高差的场地，下图场地我们依旧假设从上到下存在 12 m 的落差。场地本身为有一块 12 m 高差的斜坡平面，但在景观设计中为了使坡面空间更加丰富立体，可以将图中东、西两侧相同的整数标高用曲线相连进行曲线分形高差，形成高差为 1 m 的 12 根等高线，需注意的是斜率（$k=\tan\alpha=Y/X$）不能过大，或者说坡度角须在 45° 以下。在顺势而下的 12 根等高线中，还可以在空间条件许可的情况下分形出新的地形——一个碟状地形，同样不能出现排水不畅的地形。在地形丰富的场地中，必须掌握地形最缓处设置步道的规律：1. 斜跨等高线。2. 沿山脊。3. 同一登高线范围内。地形分形设计本身就是一件大地雕塑作品，三角枫纯林中出现的碟状林中空隙进一步强化了大地艺术的神秘性质。

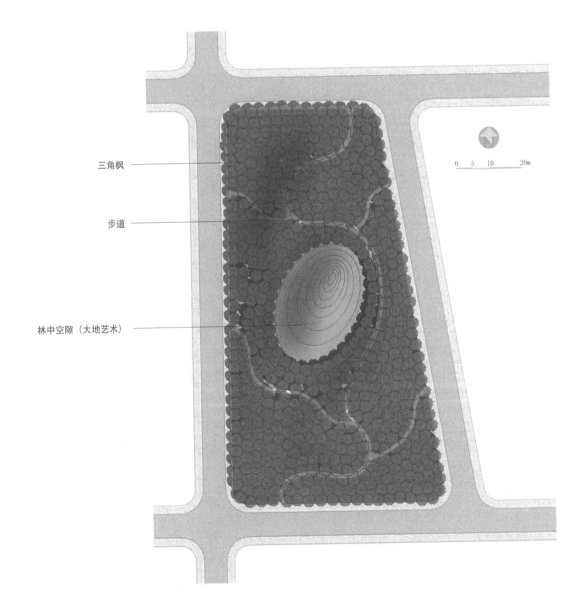

三角枫

步道

林中空隙（大地艺术）

4.12　高差分形

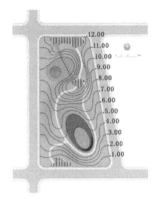

等高线分形使得地形空间千变万化，制造出奇妙的空间效果，下图等高线分形出了两个椭圆。一个在 12 m 等高线内架设了架空步道。另一个围合出了露天舞台，其上部空间分形成 15 层且每层 0.5 m 落差的梯田式看台。此处的植物设计也非常重要，但不一定要多样的品种（大多城市公园的植物本身需要大量的人工抑制与养护，才能令植物按照人类的意志生长，若不是荒野公园，而将丰富的品种定义成生物的多样性，多少显得牵强。在人性化的分形景观基础条件下，过多的植物种类反而会削弱景观空间的价值），笔直舒展的榉树林强化了上部空间，同时使两个椭圆空间被清晰地分形出来。即使在冬天掉光了树叶，阳光下树影落在草坡上也极有趣味。

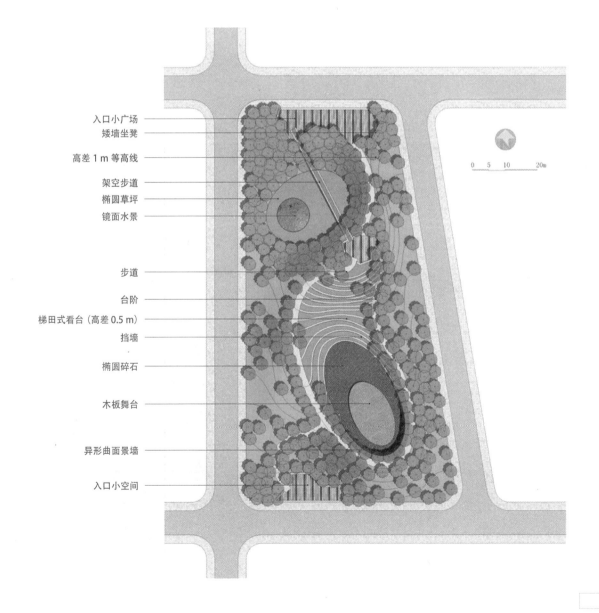

入口小广场
矮墙坐凳
高差 1 m 等高线
架空步道
椭圆草坪
镜面水景

步道
台阶
梯田式看台（高差 0.5 m）
挡墙
椭圆碎石
木板舞台
异形曲面景墙
入口小空间

0　5　10　　20m

4.13 水袖分形

中国古老太极图案中的两个半圆曲线将圆形分形，利用黑白图形形成阴阳对比关系，中国古人认为宇宙运行之源是太极，即阴阳，《易经》用阴阳两种力量的相互作用解释事物的发展变化。《老子》提出"反者道之动"这一命题，概括了矛盾的存在及其在事物发展中的作用，现代物理学也证明一切运动所需的力都是相互的。下图的曲线其实是一系列、一连串变形的太极曲线分形，从而形成西方构成学中的"鲁宾之杯"，鲁宾之杯是西方设计史上著名的设计图形。图中首先给人看到的是画面中白色的杯子。然而，若我们的视线集中在黑色的负形上，又会浮现出两个人的脸形，设计师利用图底互换的原理，使图形的设计更加丰富。当我们将视线沿着道路逐渐向上的时候，我们时而会被紫色的"腰果"吸引，时而又被绿色的"葫芦"吸引。一条简单优美的曲线却能传达景观无限的意象。

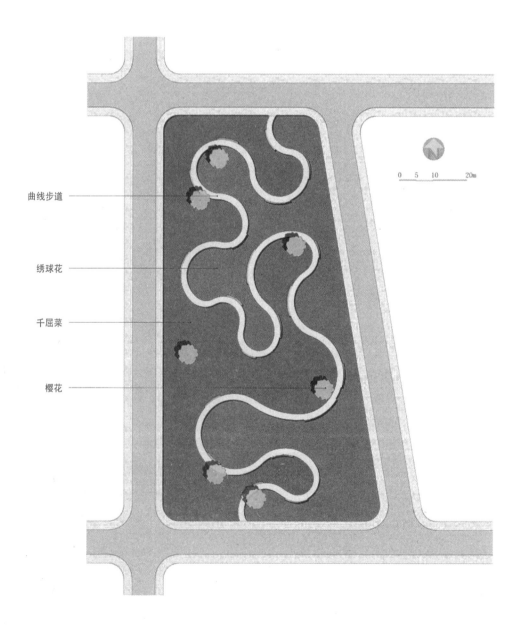

曲线步道

绣球花

千屈菜

樱花

4.14 浮冰分形

水面上飘着浮冰
到了晚上
冰面下发出蓝色的光
冰雪开始融化
绿意已经渐生
梅花吐蕊
向日葵也要发芽了

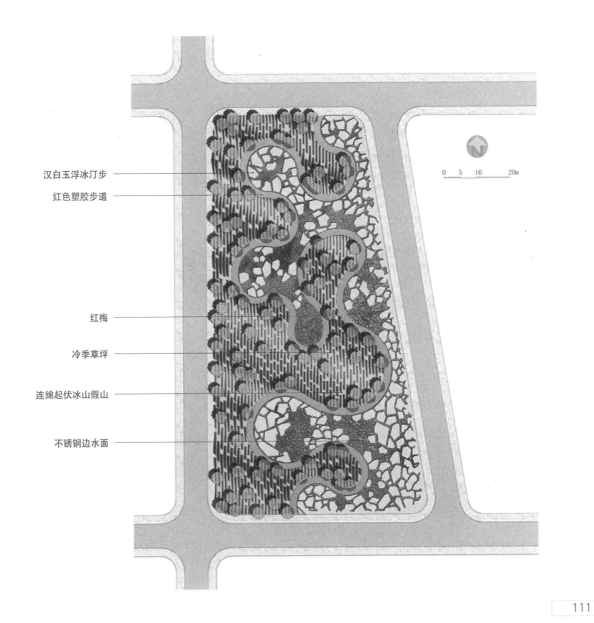

汉白玉浮冰汀步

红色塑胶步道

红梅

冷季草坪

连绵起伏冰山假山

不锈钢边水面

0　5　10　　20m

4.15 豌豆分形

一根"豌豆苗"舒展着它的卷须，铺装上、草地上分形长起一个个螺旋上升的大地艺术。

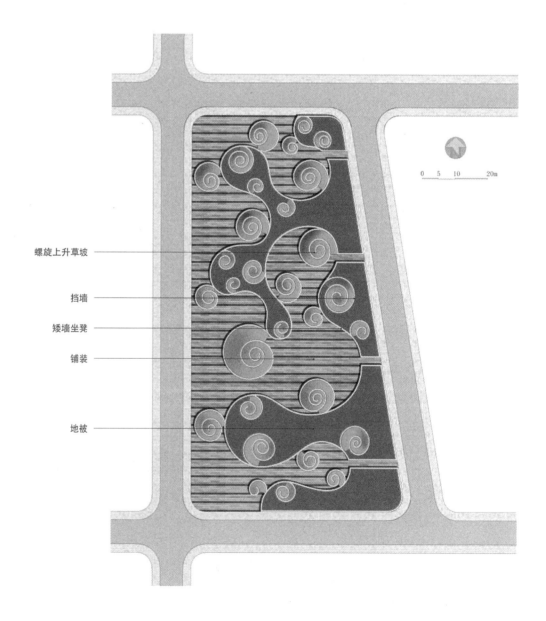

螺旋上升草坡

挡墙

矮墙坐凳

铺装

地被

0　5　10　　20m

4.16 树叶分形

树叶的网状脉序,具有明显的主脉,主脉分出侧脉,侧脉一再分枝,形成细脉,最小的细脉互相连接形成网状。这就如曼德勃罗分形几何学的观点,一切复杂对象虽然看似杂乱无章,但它们具有相似性,简单地说,就是把复杂对象的某个局部进行放大,其形态和复杂程度与整体相似。自然界中比如河流、树木、树叶、人体血管的分支莫不如此,在城市规划中分形学也占据着极为重要的地位,一个城市犹如一片树叶,通过城市干道划分片区、街道、社区、楼道,最后到住户!景观规划设计亦是如此,下图按照叶脉的分形得到大中小三个级别的步道,通过步道分割出地被种植空间。

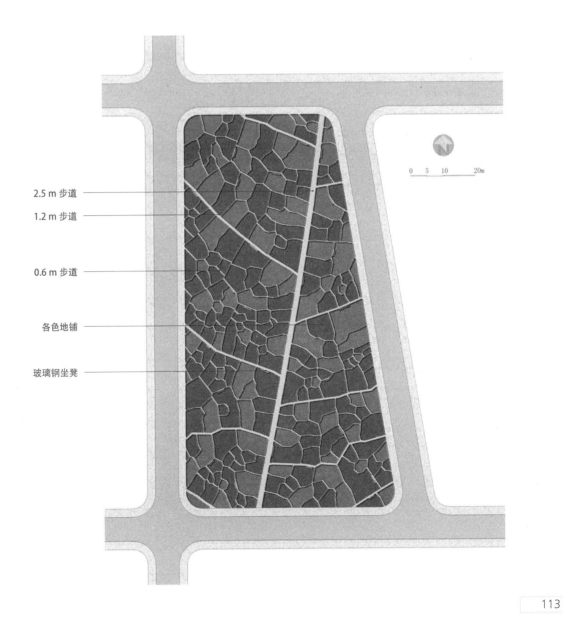

2.5 m 步道

1.2 m 步道

0.6 m 步道

各色地铺

玻璃钢坐凳

0　5　10　　　20m

4.17 祥云分形

曼德勃罗经常观察云的形状，他注意到，天上的流云不管放大多少倍，它们都有相似的形状，分形学的创立正是源于他对自然入微的观察。后来的很多分形学家都认为东方传统绘画的山脉、流云、海浪都具有分形的特征。下图云形纹图案内种植七色花卉，形成七色祥云，铺装内的分形冰裂草带上升起金箍棒雕塑，下小上大，略微倾斜，增强透视感，具有卡通般的童话效果。

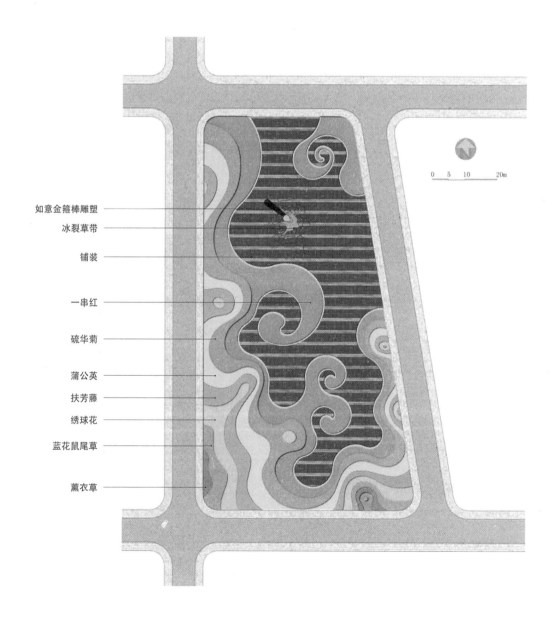

如意金箍棒雕塑
冰裂草带
铺装
一串红
硫华菊
蒲公英
扶芳藤
绣球花
蓝花鼠尾草
薰衣草

4.18　吴冠中分形

将吴冠中描写江南春色的抽象画的笔意应用在景观设计中，步道犹如柳丝乱舞，分形成形态各异的地被种植空间，缀以垂柳和三道马头景墙，传统与现代、画意与景观融合在一起。

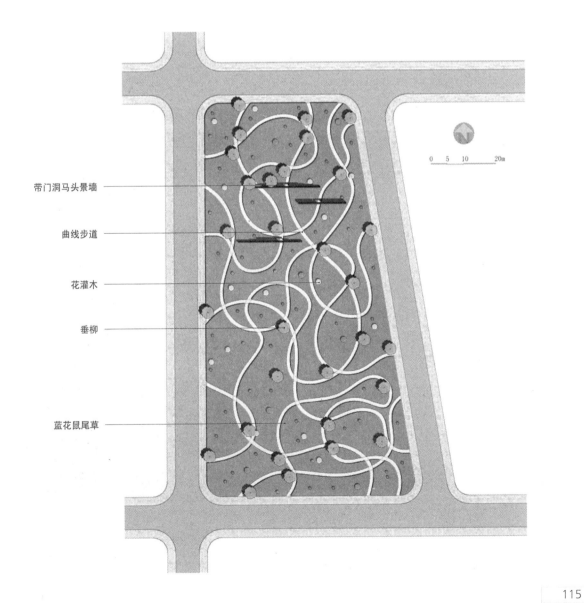

带门洞马头景墙

曲线步道

花灌木

垂柳

蓝花鼠尾草

0　5　10　　20m

4.19 波浪分形

波浪形的肌理曲线中，一半是地被，一半是铺装，樱花树下可以相对而坐。

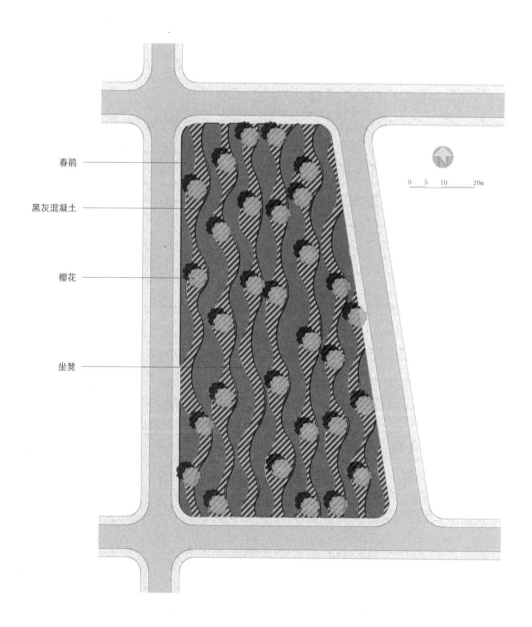

春鹃

黑灰混凝土

樱花

坐凳

0　5　10　20m

4.20　分形错觉

黑白两种色彩就能分形出波浪效果，通过对比形成曲线，造成视线的趣味错觉。

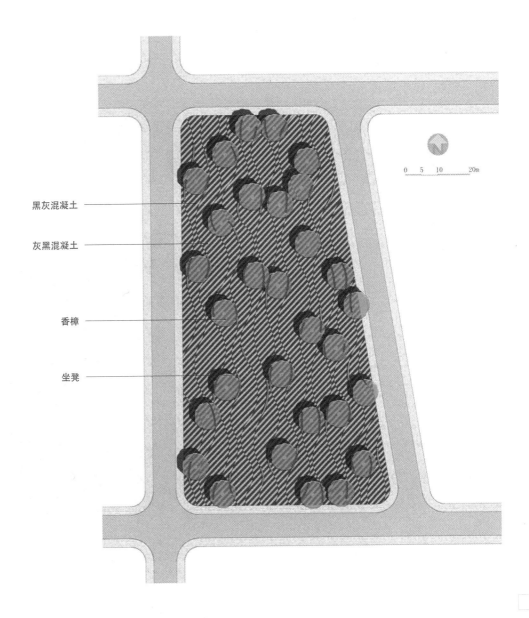

黑灰混凝土

灰黑混凝土

香樟

坐凳

4.21 海藻分形

上一面图纸的绿色部分曲线向外侧偏移后，种植空间就分形成了断断续续的海带状，同时提供了东西向的穿越。白茅长絮的时候，樱桃也红了，流光飞舞。

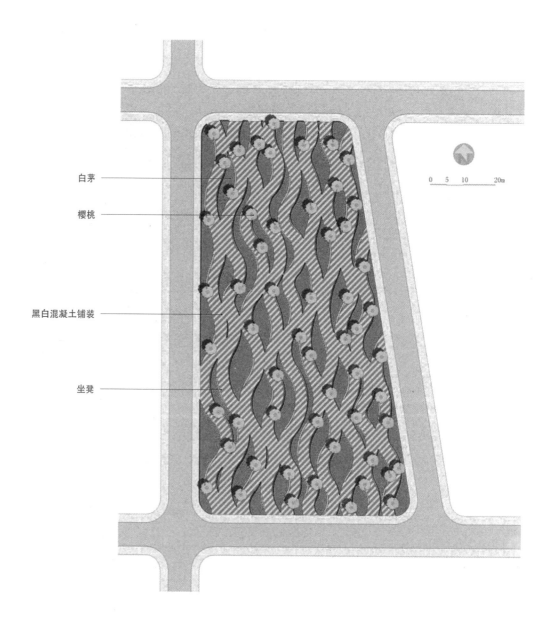

白茅

樱桃

黑白混凝土铺装

坐凳

0 5 10 20m

4.22 "星空"分形

梵高最著名的作品之一《星空》，使用了一种奔放的，或者是像火焰般的分形笔触，色彩主要是蓝和紫罗兰，同时有规律地跳动着星星发光的黄色。前景中深绿和棕色的白杨树，意味着包围了这个世界的茫茫之夜。梵高的笔触肌理是粗糙而不是细腻的，短促而弯曲，厚重而鲜明，他用这种粗糙的肌理精准地表达了宇宙时空，同时天空背景深远浩渺，形成具有东方情调的曲线分形之美。在此，用景观的方式向梵高和他的《星空》致敬。起伏的绿色地形是山峦与村庄，前景种植了白杨树林，白石屑与雾喷表现了空中的云或流动的光，大地艺术的蓝色马赛克贴面地形表达了深沉的夜空，点点的星星闪烁其中。爱因斯坦说：凡事应该尽可能简单，但不能太简单。分形正是如此，它是科学的，也是艺术的，分形是简单的，也是复杂的。

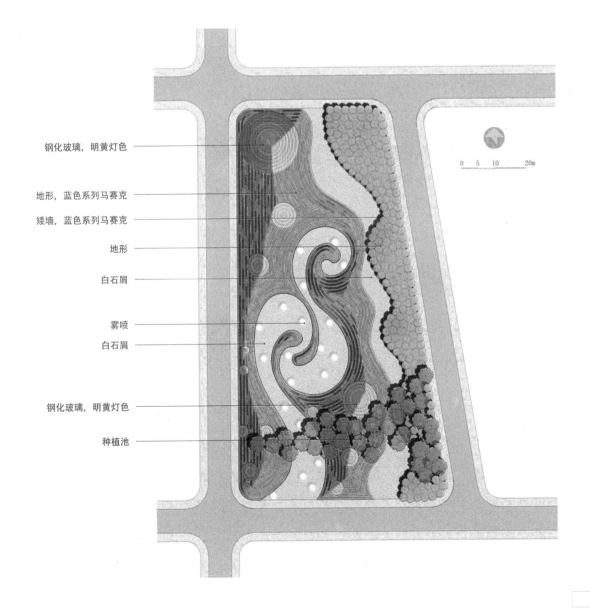

钢化玻璃，明黄灯色

地形，蓝色系列马赛克

矮墙，蓝色系列马赛克

地形

白石屑

雾喷

白石屑

钢化玻璃，明黄灯色

种植池

0 5 10   20m

FRACTAL LANDSCAPE DESIGN

CHAPTER 5

第 5 章　泡沫分形

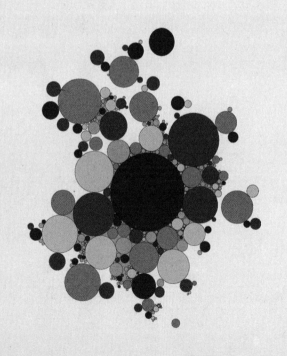

5.1 泡沫分形

漂浮在洗衣盆上的肥皂泡沫看上去像细胞组织，宇宙的三维结构也是泡沫状的，每个放大的局部与整体竟然如此相似！这就是奇妙的分形，简单而复杂。本章将以扭曲变形的泡沫来分解景观设计，其中包括：1.道路分形（整体空间分形）。2.水系分形。3.地形分形。4.节点微观分形。5.乔木分形。6.地被分形。

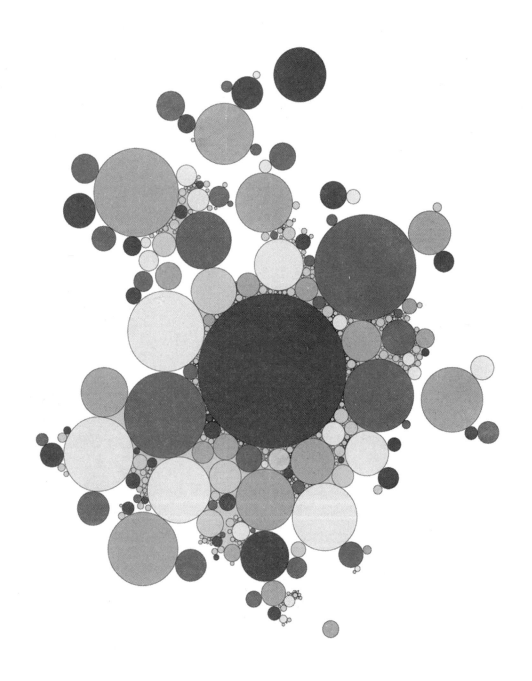

5.2　大型场地

　　本章将以该大型场地来分解景观分形设计步骤，其中并不涉及现实性的场地问题，我们仅是通过曲线的逐级分形从宏观、中观、微观分解空间和联系空间又统一空间。分形曲线景观不仅展示了数学之美，也揭示了世界的本质———一沙一世界。

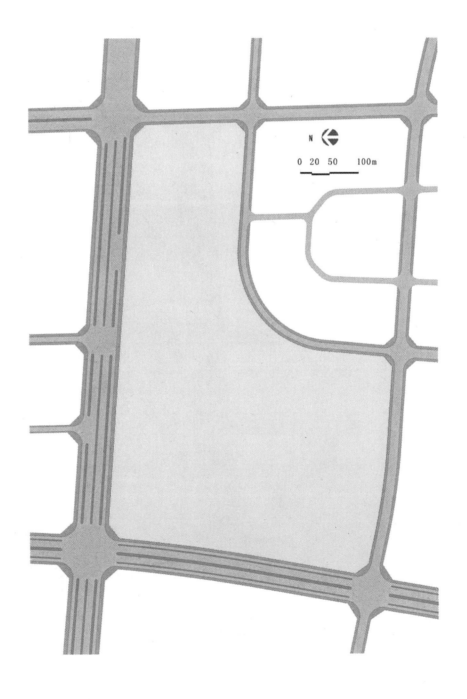

5.3 场地内外

《老子》第二章中写道："有无相生，难易相成，长短相形，高下相倾，音声相和，前后相随。"讲的就是事物永恒不变的对立统一，就如力的作用是相互的，景观设计的主体是设计空间，空间的内与外也是相对的，没有恒定的内外，但有恒常的内外。一根封闭的曲线相对于场地来说，它自然分割里外空间，限定了内外。

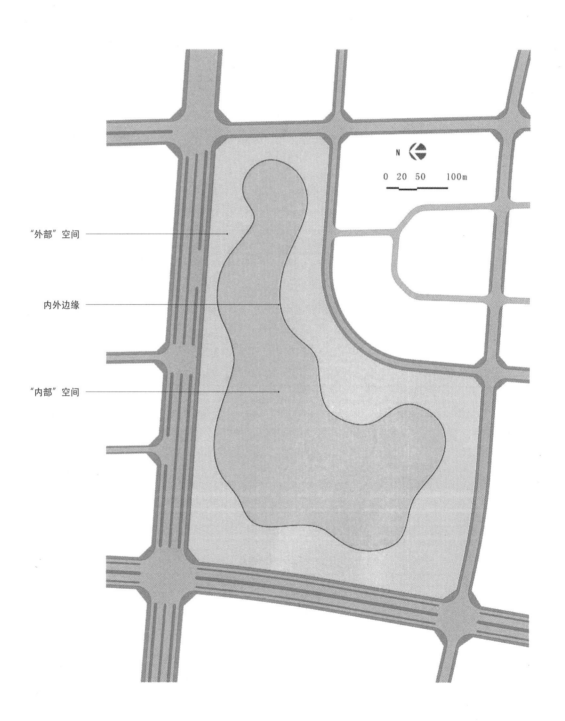

5.4　中观分形

在宏观分形曲线内部继续分形至中观曲线。

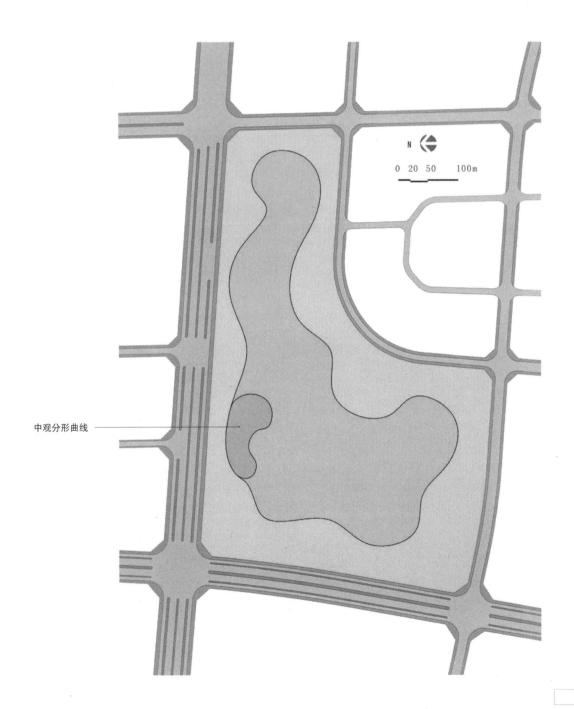

中观分形曲线

5.5 中观分形

无论曲线分形到哪个级别，所有曲线都是相互依存的，同一根线条可以同属于上下分形层，也可以同属于同层之间，这种融合与依存的关系可以称作"线条的共生"。

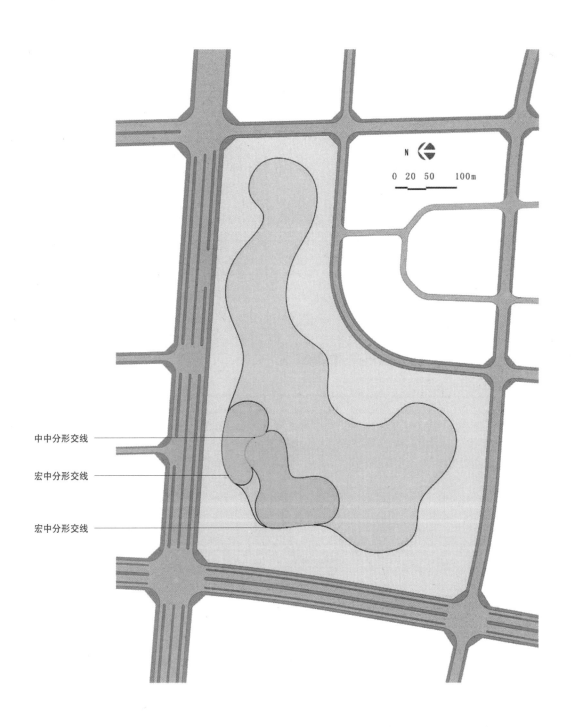

中中分形交线

宏中分形交线

宏中分形交线

5.6 咬合

中观层次的分形，首先是完全紧密地依从于宏观分形曲线，其次是各个中观分形的相互咬合，就如互相挤压的肥皂泡，产生出各种如蚕豆、腰果、葫芦、流云等曲线的形态。

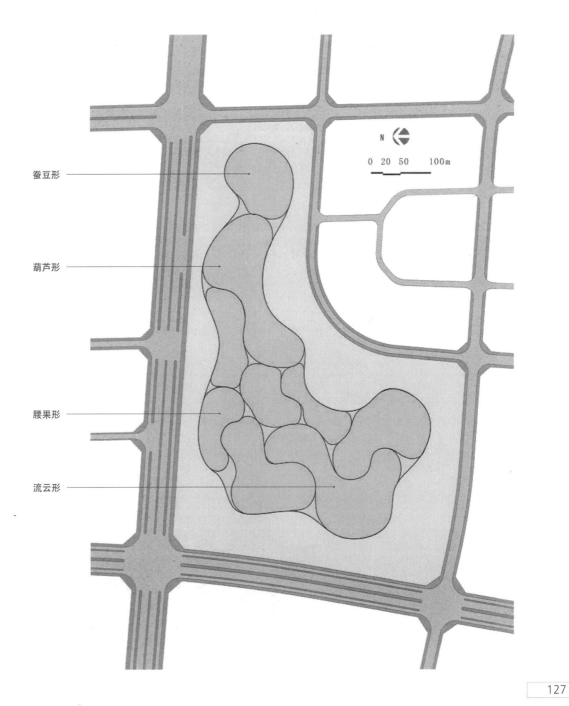

蚕豆形

葫芦形

腰果形

流云形

5.7 形成道路

当我们将宏观分形曲线向内偏移 0.75 m，向外偏移 2.25 m，中观分形曲线内外各偏移 0.75 m，就得到了环形主游路和内部次游路的主体结构。

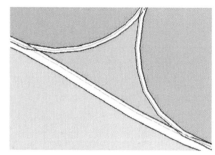

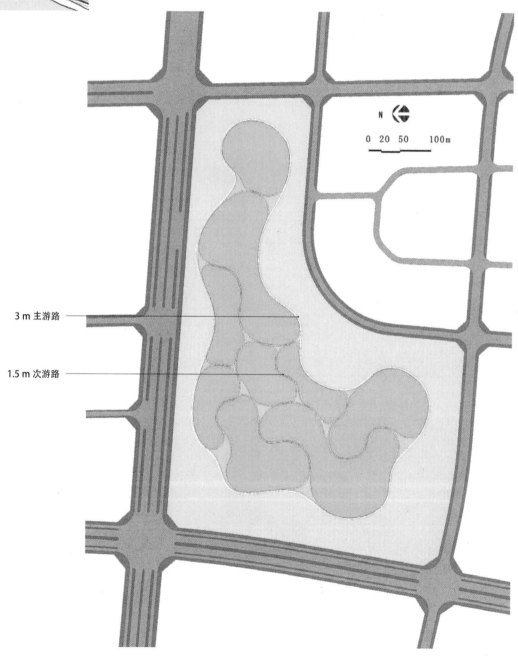

3 m 主游路

1.5 m 次游路

5.8　空间的缝隙

中观分形中完全柔和的曲线形不足以分解内部空间，就如同一碗黄豆之中还可以撒入一把沙子，一碗沙子还可以注入一杯水的空间道理雷同，这也是分形设计的奇妙之处。设计需要做的是将这些三角形空间缝隙的尖角柔化出弧度。

空间缝隙

5.9 必要入口

内部基本结构完善以后需要和外部空间取得联系，但外部空间对于城市道路而言还是内部空间，所以首先要做的是找到那些毋庸置疑需要设置入口的地方，比如人们过了斑马线就能分流进入公园的道路交叉口。

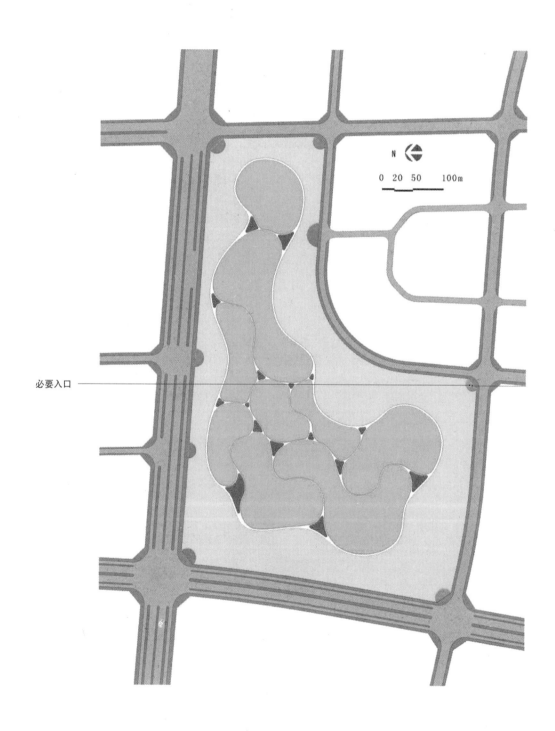

必要入口

5.10　主要入口

　　必要入口由于往往位于城市道路交叉口，受到区域限制，不适宜做尺度较大的集散主入口，同时从公园外围道路边界和人流出入的均衡性考虑，主要集散入口一般须设置在边界道路中央左右。

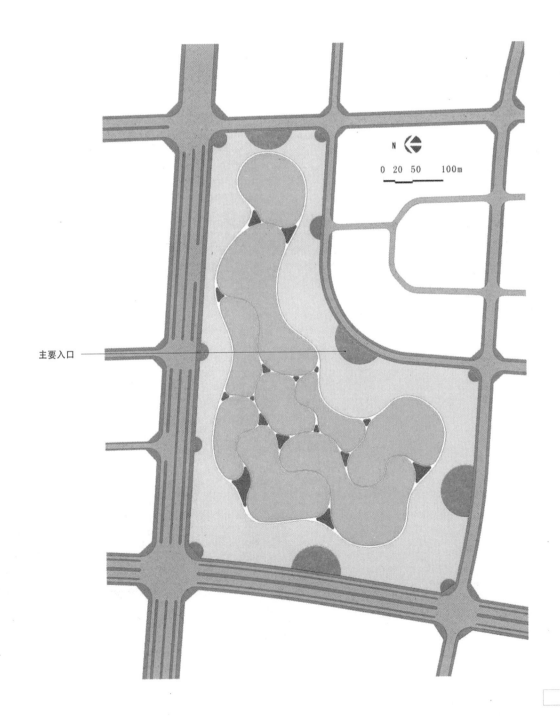

主要入口

5.11 入口形式

现实的公园入口设计需要紧密结合场地现状、地域文化脉络及当地材料，若是不考虑防灾要求，不管集散需求如何，也须尽可能地满足受众对林荫的需求。对于普通设计师而言，需要经常进行这样的小景训练，这不仅有利于自身空间思维能力的提高，也是设计素材的累积，并不是每一个设计作品都要惊世骇俗，往往形式追随功能，只有能够解决场地问题的设计才算得上是优秀的设计。每一个设计师的作品，都建立在前人的经验之上，就如牛顿谦虚的认为"如果说我比别人看得更远些，那是因为我站在了巨人的肩上"。

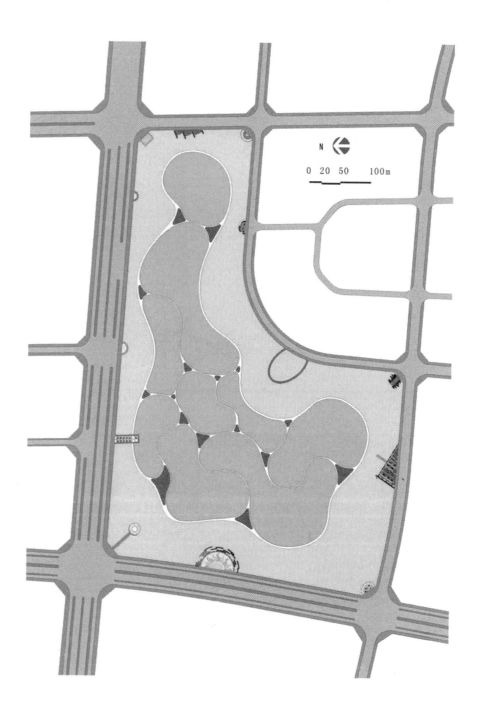

5.12　内外联系

用同样的柔和曲线的分形原理，将各个入口和主环线游路取得联系，如此，整个公园的入口道路骨架基本成形。

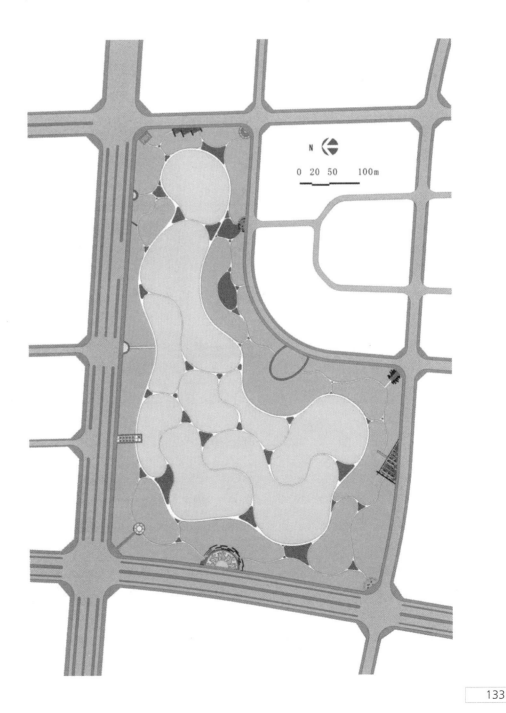

5.13 停车位

整体道路形成以后需要考虑汽车及自行车等车位需求，一般而言，垂直普通车位，出入口宽度a不小于7m，车道宽度b不小于6m，普通单车位长度d不小于5.5m，宽度c不小于3m，紧临路侧绿化带宽度e不小于1m。自行车位临路侧道路宽度不小于1.75m，单车位长×宽为2m×0.6m。

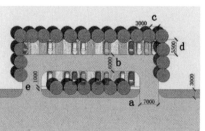

停车场出口

普通车位

大巴车位

停车场入口

自行车位

单向停车场

5.14　水系——
平行分形

　　一般而言，水系都是在现状存在水域或者外围紧临河道、湖泊的条件下才能营造大面积水域水景。但本章前文已有表达，我们是摆脱实际情况，就分形设计来演绎景观空间设计，相对于道路的纵向层层分形，水系的产生和道路分形空间是平行关系，分形设计是多维度的，或者说是叠加式的。

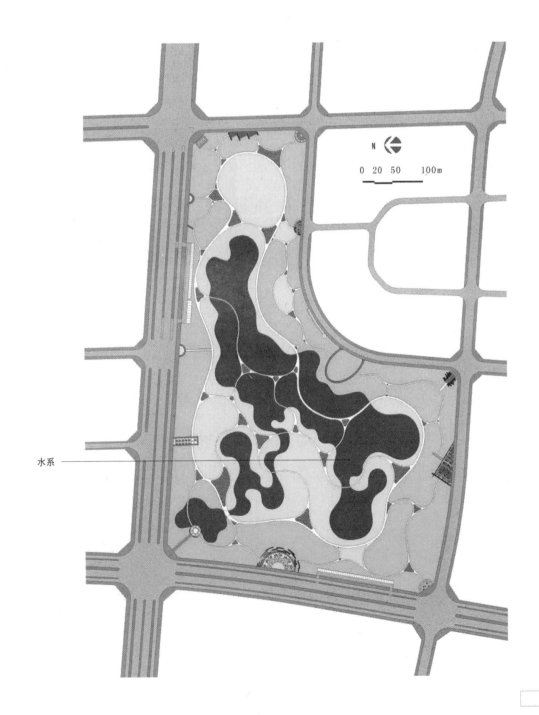

水系

5.15 水系减法

横跨水系的桥梁或栈道从生态节约性原则上言，需要服从两个原则：1.水系逢路必窄，使桥梁的跨度不至于过大。2.栈道尽可能架设于水浅之处，而不是深入水面中心。基于这两大原则，我们需要对水面进行减法设计，增加下图中红色区域岛屿，对于绿色陆地，则是加法。

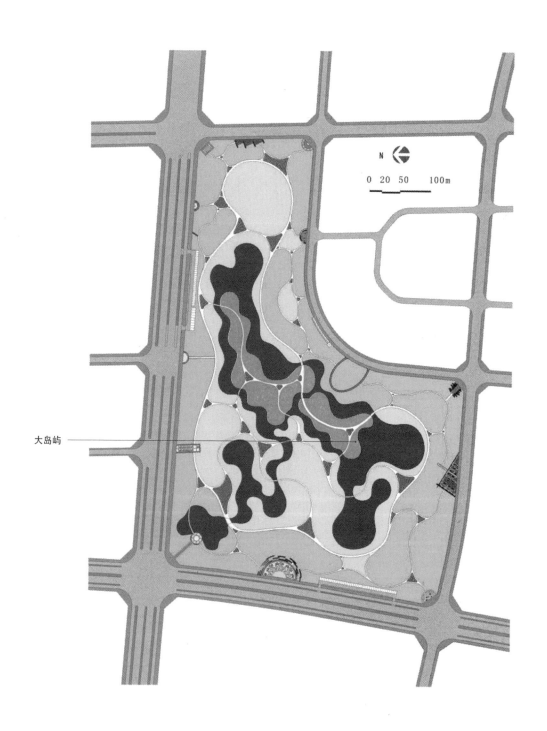

大岛屿

5.16 微观分形
——小岛

世界的本质是永无停滞的分形，除了两个大岛屿以外，还需要增加若干相对于大岛屿而言的小岛。这些小岛属于水系分形，也同样属于绿地分形，是水系与绿地两个平行分形的交集。

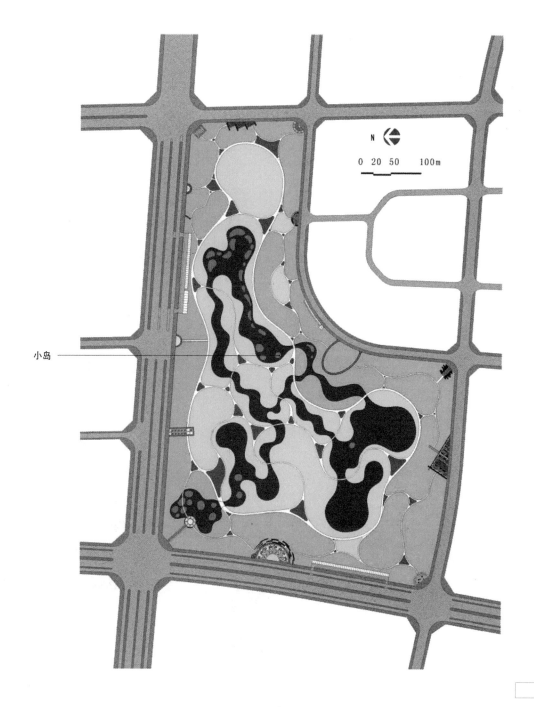

小岛

5.17　地形分形 1

地形分形并非只针对目所能及的绿地进行分形，而是场地所有的基本竖向分形，包括入口、道路、绿地、水系在整体上通过等高线、等深线的方法进行的整体竖向设计。

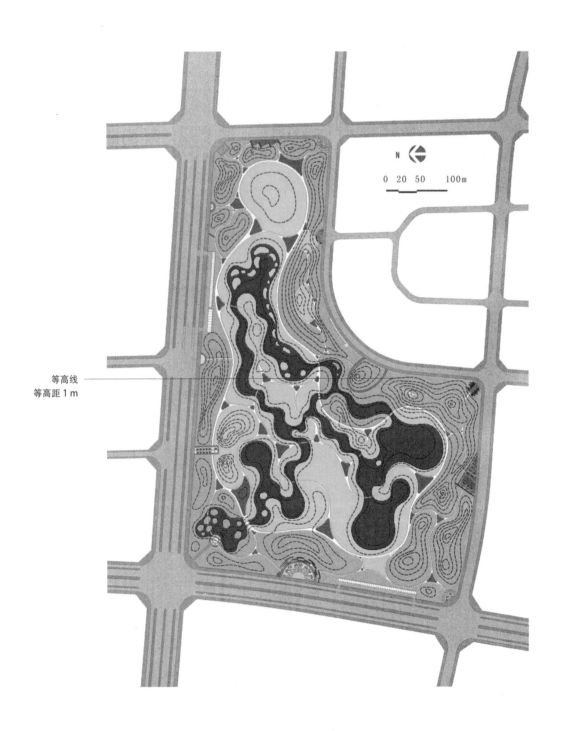

等高线
等高距 1 m

5.18　地形分形 2

在这样的大型公园中，竖向设计在平面表达上是通过专业性较强的等高线来描述，因此没有专业背景的业主方不太容易理解其真实含义，由于不理解而产生忽视也会导致设计师的惰性轻视，其实，唯有疏缓密陡、曲线优美的等高线才能表现大地的错落有致。竖向分形是平行于道路分形、水系分形之后的极其重要的第三种曲线分形——空间三维分形。

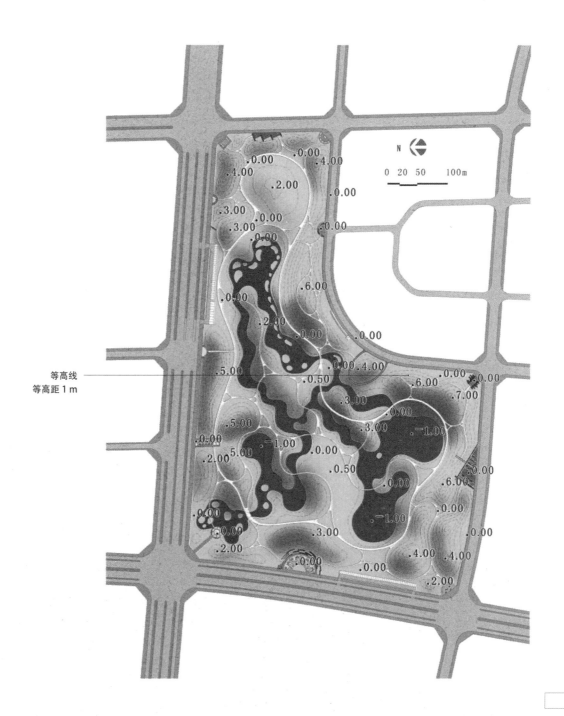

等高线
等高距 1 m

5.19 轴线与节点

到此，公园的整体布局已基本完成，接下去需要将公园内部的各个景观节点逐步完善，如上文所述，本案是一个虚拟场地，并不涉及现实场地的实际问题。人类作为万物中最有智慧者，总是不自觉地去寻求事物的逻辑，比如我们总会在自然中寻找自己与目标的最短距离——直线。在景观设计中我们也会不自觉地寻找景观轴线。这种轴线可以是实际存在的，也可以是虚拟的，轴线的确立有三种情况。a 型轴线：两个景观节点之间必然形成的直线。b 型轴线：某一景观节点自身形成的直线方向。c 型轴线：公园外部城市道路的延伸直线方向。本案公园内部节点位置即由此产生，它们产生于轴线之上，或轴线交点，或轴线与公园肌理变化的边缘交点。

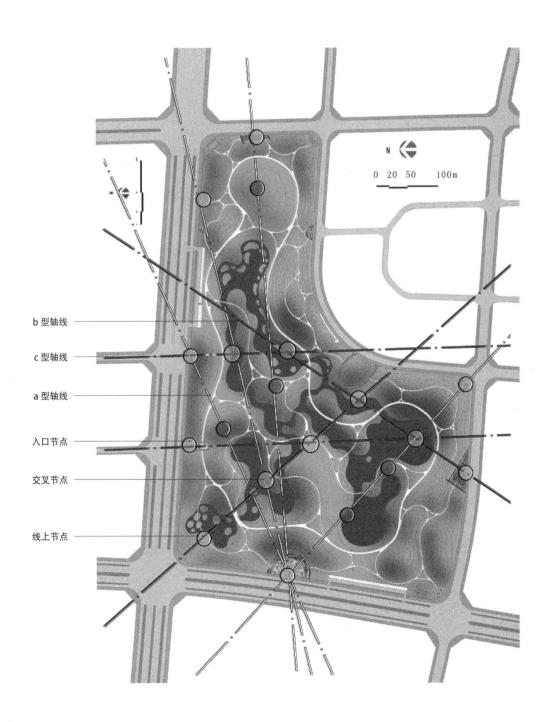

b 型轴线

c 型轴线

a 型轴线

入口节点

交叉节点

线上节点

5.20　隐藏的轴线

景观节点首先是满足卫生、休闲、餐饮、交通等必要功能的需求，其次是人工景观结合自然景观的审美与启智功能需求，只要是多从人的角度思考问题，就能创造人性化的景观。而从功能的使用角度而言，大部分节点形式已不适合曲线造型，唯有充分利用交通、地形、水体条件因地制宜地展开节点设计和创造它们的"观点"。完成后的景观节点只有部分能感受"轴线"，大部分节点都隐藏在潜在的合乎逻辑的"轴线"之中。

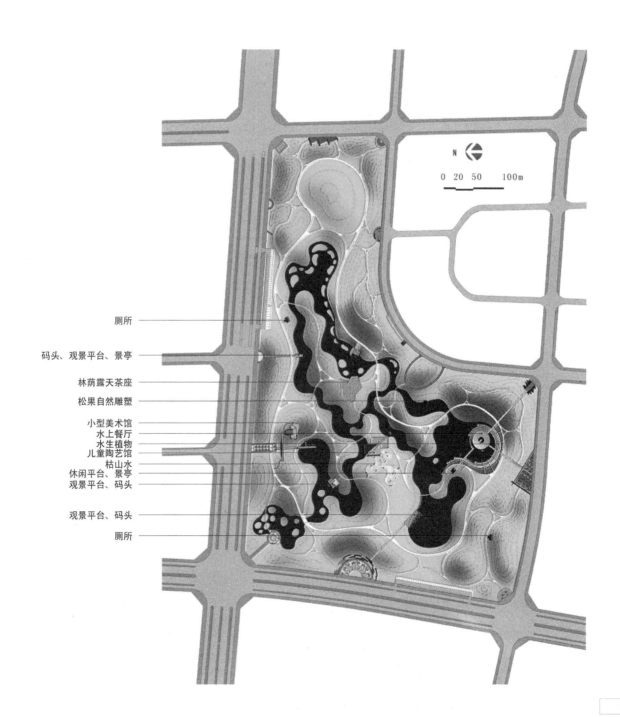

5.21　无乔木区

在道路分形、水系分形、地形分形以及人工景观节点以后，最后要设计的就是植物造景。植物造景有各种设计理论体系，限于篇幅，我们在本案中依旧秉持曲线分形的设计方法。在乔木种植设计之前我们首先要规划的却是没有乔木的地方，在"有"之前先确定"无"。可以用曲线去圈定无乔木种植区。

无乔木种植区 —————

5.22　滨水乔木

从生态学而言，需要人工维持的公园生态都是极其脆弱的，比如树木的迁徙、灌溉、农药、施肥、修剪都需要很大的能源消耗，所以作为一个城市公园，生态是一个伪命题，设计师要做的是尽可能地适地适树，因此在 1.00 等高线以下到水面，我们选择用耐湿乔木——池杉进行带状片植，挺拔的树冠从空间上勾勒水系边缘。

池杉

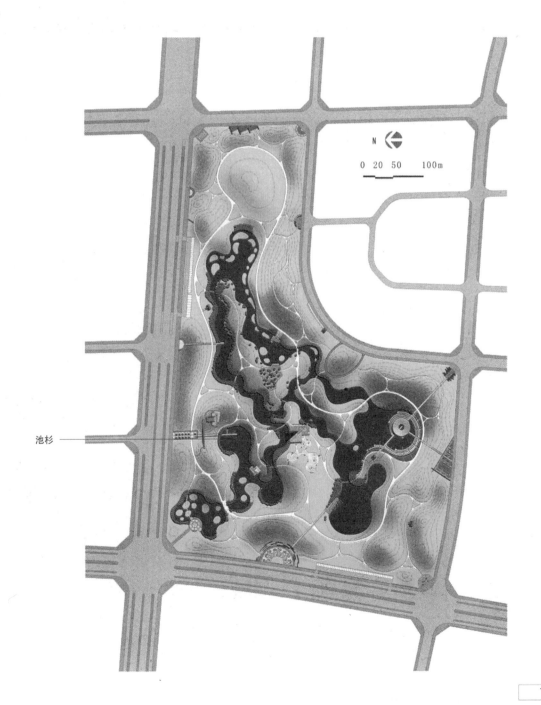

5.23 岛上的无患子

岛上的露天茶座被无患子林所包围，想想它们春天的嫩芽，夏天的浓荫，秋天的金色和冬天阳光下斑驳的树影，设计师需要有一颗有诗意的心。

无患子 ————

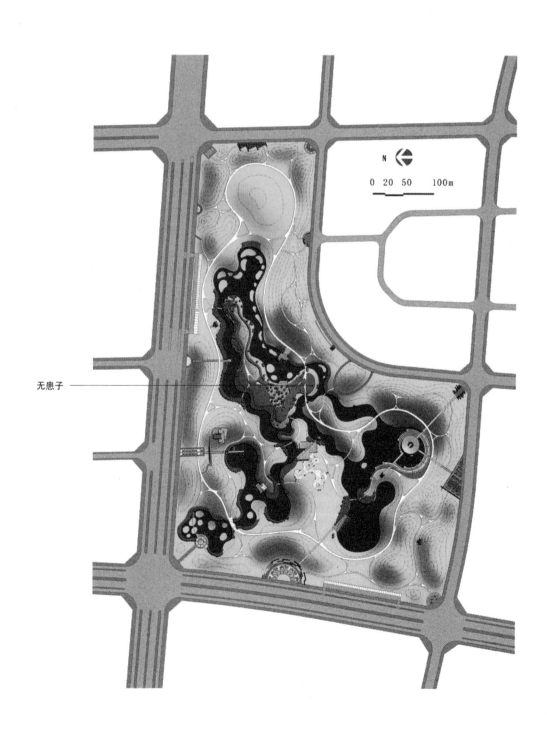

5.24　水上森林

星罗密布的小岛微高出于水面，南川柳非常适合生长在常水位线左右的区域，形成水上森林。

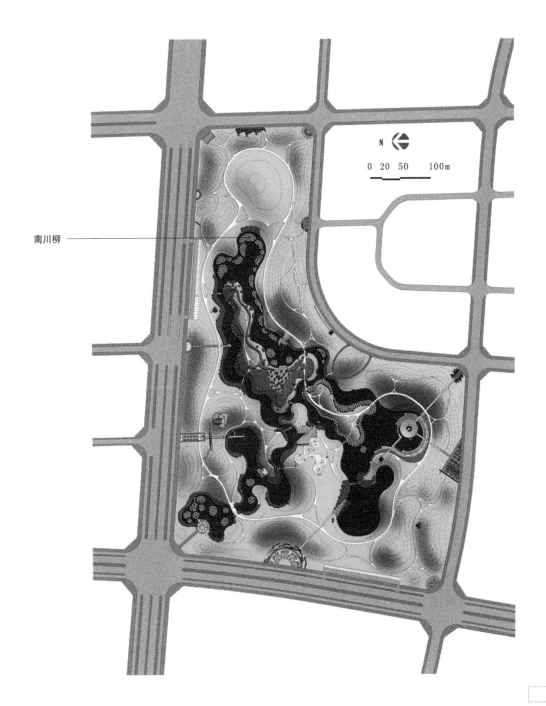

南川柳

5.25 桃花岛

忽逢桃花林，夹岸数百步，中无杂树，芳草鲜美，落英缤纷。

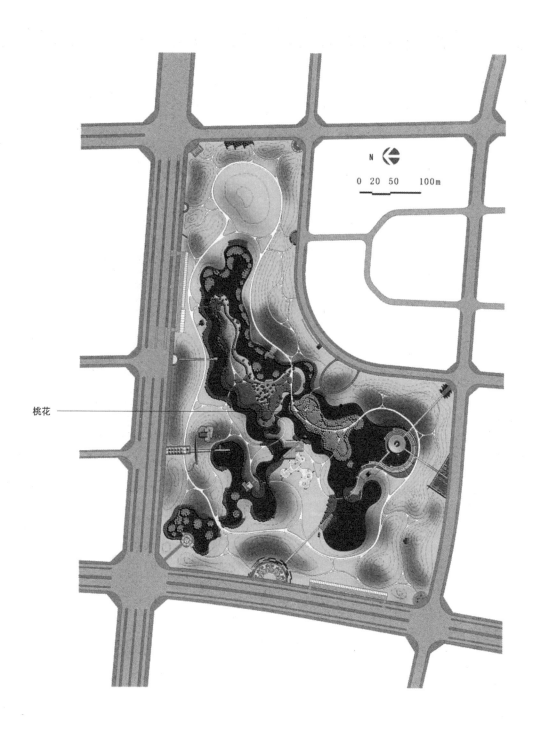

桃花

5.26　香樟林

　　江南村落里的古树往往都是大香樟，树形优美，冠幅巨大，气味芬芳，生长迅速，是长江流域景观设计中使用最频繁的常绿树，也是最优秀的背景树之一。

香樟

5.27 一时俱放

櫻花原产于中国，櫻花之美并非他花可及，尤其是成片櫻花一时俱放，动人心魄。

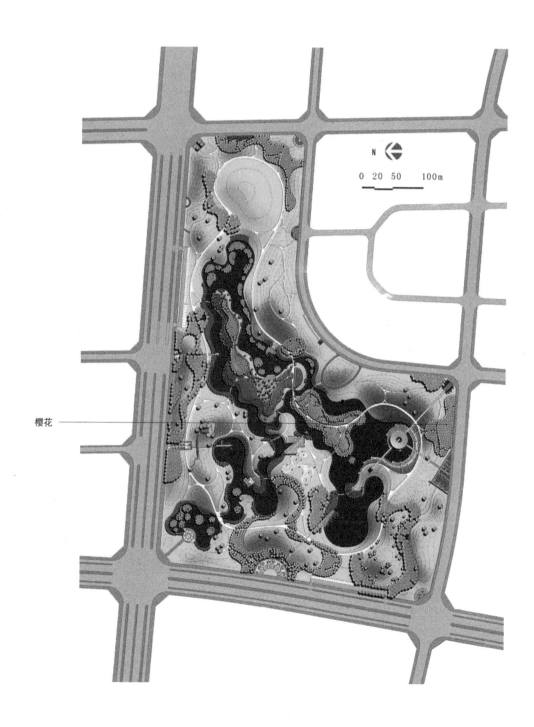

櫻花

5.28　悠长的林声

常绿树中，除了舒展的香樟还有树形挺拔、香气浓郁的乐昌含笑。

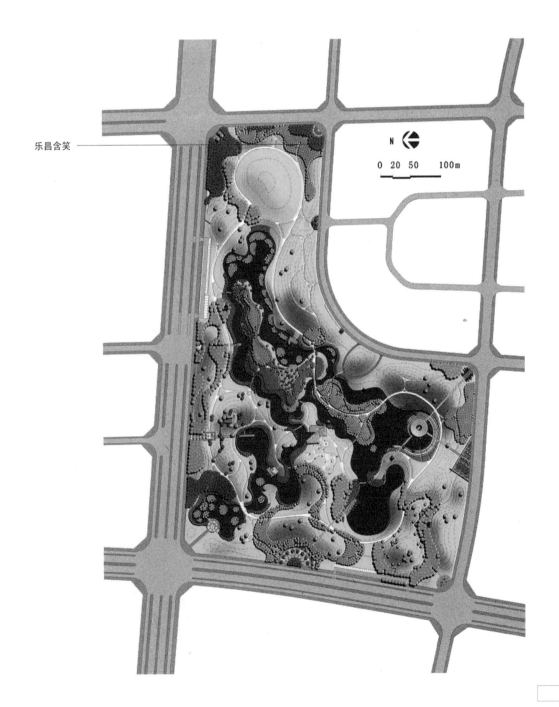

乐昌含笑

5.29 竹林

竹子几乎是中国传统人文精神的化身，竹子也是长江流域生产、生活的重要器物来源。

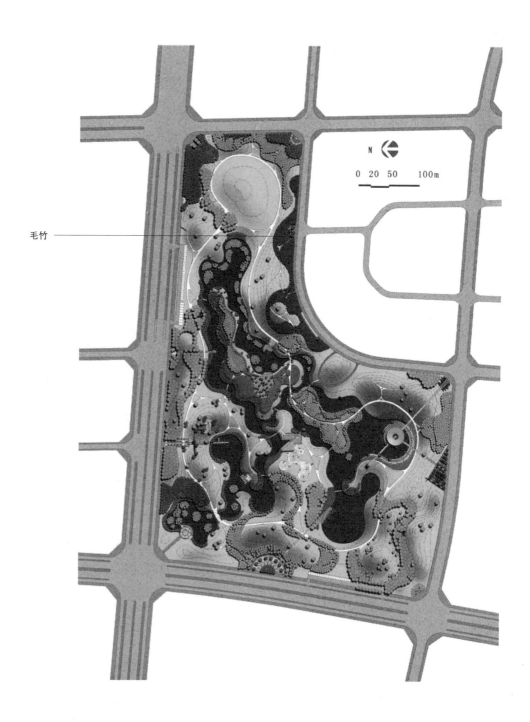

毛竹

5.30　较少的亚乔

我国的传统绿化设计都讲究层次丰富，但有时只要有大乔木和地被就很有森林空间的味道。

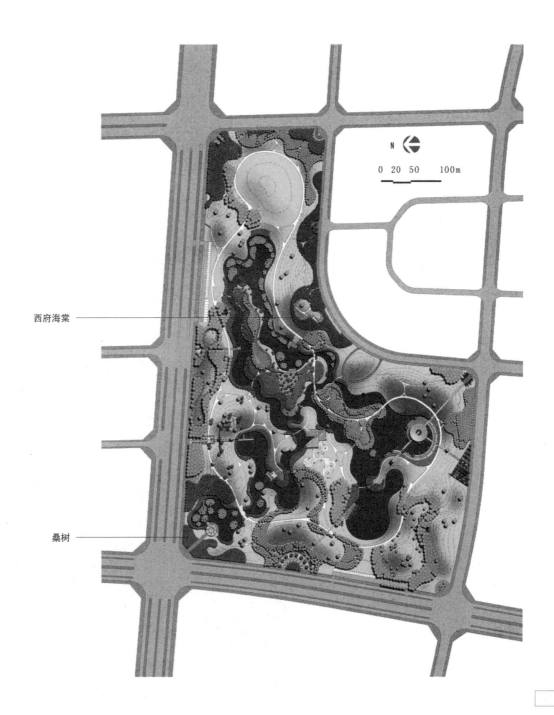

西府海棠

桑树

5.31 统领的水杉

最后我们用水杉来统领所有非留白区域，这个场地有 22.5 万平方米，但并不一定就需要几十种乔木品种，我们仅用十个以内的乔木品种就创造了纯净而丰富的绿色空间，也就是通过乔木的曲线再一次对场地进行空间分形和景观创作。

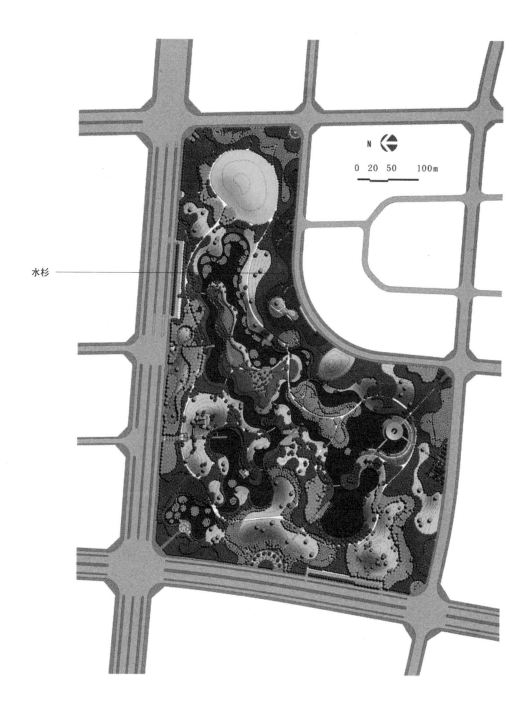

水杉

5.32 空——地被

不管是林下空间，还是开敞空间，或者水陆边缘，无不需要地被，可以是草坪，但更需要各种野花地被，一切本土地被都可以，比如车前草、蒲公英、毛地黄、石蒜、野菊花、辣蓼、菖蒲、菱角等，本土野草更适合本地环境，地被种植形式是本案曲线分形中最后的分形——微观分形。

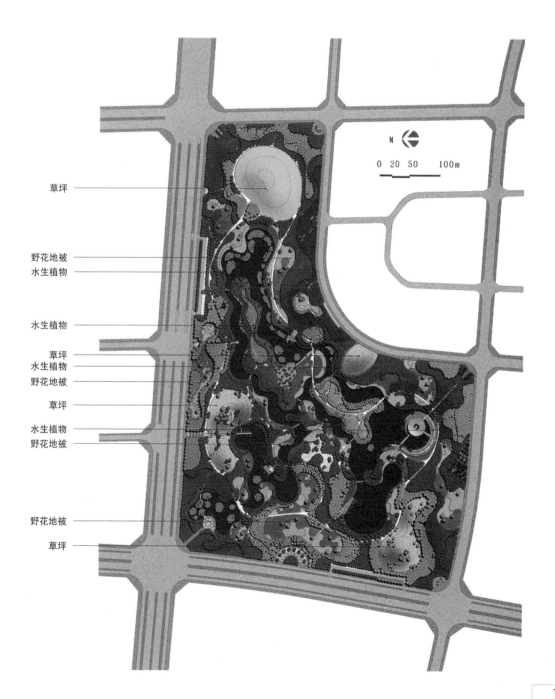

草坪

野花地被
水生植物

水生植物

草坪
水生植物
野花地被

草坪

水生植物
野花地被

野花地被

草坪

N

0 20 50   100m

5.33　分形逻辑

总体而言，除了局部景观节点是几何分形以外，场地设计的主体结构均属于曲线分形，分形有纵向和横向两种方式，道路、水系、地形、植被的分形属于平行的、横向的分形，道路的宏观到中观则属于单向的纵向分形。可以说，景观设计是多种要素分形的叠加。

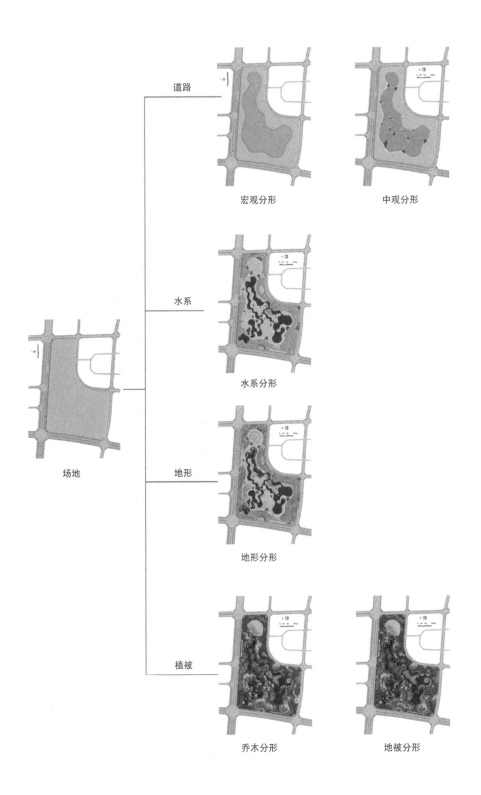

场地

道路

宏观分形　　　　中观分形

水系

水系分形

地形

地形分形

植被

乔木分形　　　　地被分形

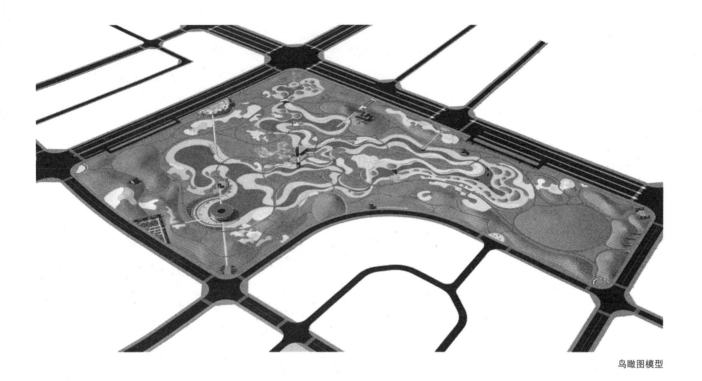

鸟瞰图模型

鸟瞰图

5.34　局部一

受到书籍开本的影响，大型公园平面较难将景观细节表述清楚，即使如下图的局部效果图也只能到达中观程度，许多细节仍须在扩初和施工图阶段进一步地深入表述。这一局部的"观点"在于轴线入口穿过桑树林，抵达临水圆形石阵小广场，滨水有野花地被和葱郁挺拔的池杉，小舟荡漾在水上森林间。

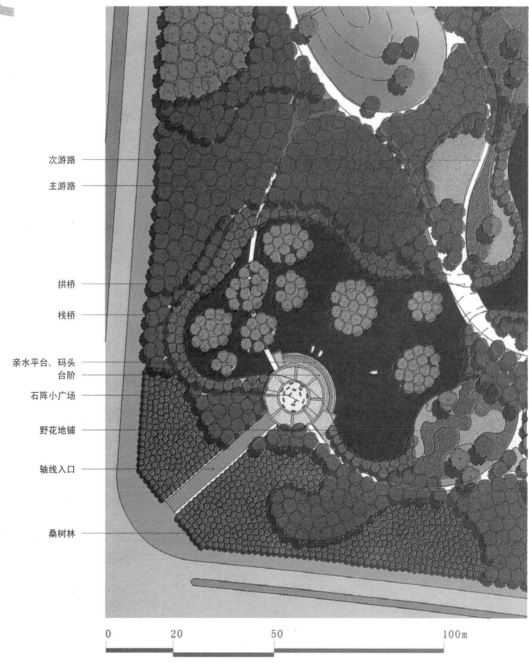

次游路

主游路

拱桥

栈桥

亲水平台、码头
台阶

石阵小广场

野花地铺

轴线入口

桑树林

0　　　　20　　　　　　50　　　　　　　　　　　　100m

局部一模型

局部一效果

5.35　局部二

有红色玻璃钢树池坐凳的小广场入口，可以从两个等高的草坡地形间穿过，其上架设钢化玻璃架空步道，一端通往由两个盒子叠加、依地形而建的小型美术馆建筑，循阶而下，又可以和码头相连。"观点"在于将树林、入口、草坡地形、建筑、架空步道、码头、水系精密地融合在一起，虽由人工而作，却无斧凿之痕。

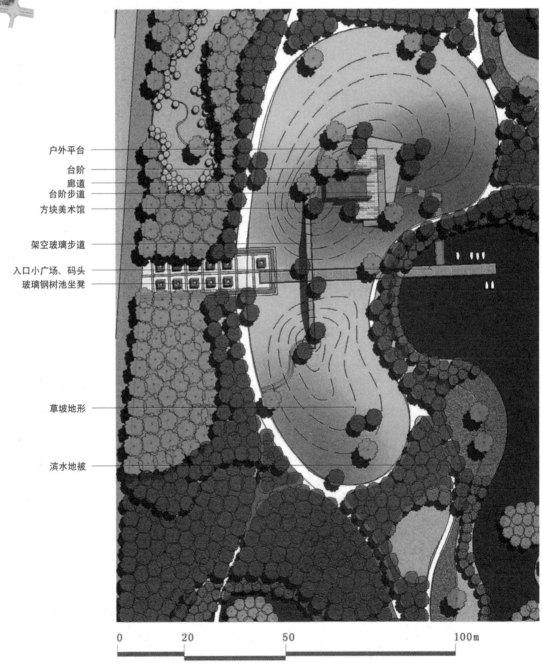

户外平台
台阶
廊道
台阶步道
方块美术馆

架空玻璃步道

入口小广场、码头
玻璃钢树池坐凳

草坡地形

滨水地被

0　　　20　　　　　　50　　　　　　　　　　100m

局部二入口模型

局部二入口效果

局部二餐厅模型

局部二餐厅效果

5.36　局部三

此区域除了停车位、厕所等必要功能设施以外，景观的"观点"在于空间的开合，一系列的开敞与郁闭交替出现，从右侧被密林围合的小入口空间开始，需要经过密林、野花地被、密林、林荫廊道、滨水密林、东西走向弯曲水系、岛屿密林，在柳暗花明间感受空间的开合。

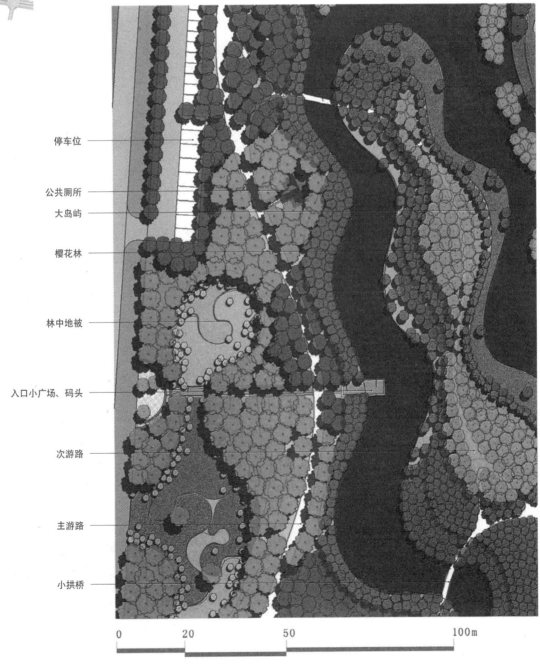

停车位

公共厕所

大岛屿

樱花林

林中地被

入口小广场、码头

次游路

主游路

小拱桥

0　　　　20　　　　　　50　　　　　　　　　　100m

5.37 局部四

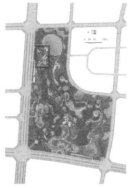

从下图标注的"观点"分析，左上侧是树林障景形成的观之不尽的野花地被；右上侧透过景观大道和树干，依稀看到前方阳光下闪闪发光的辽阔绿茵；右下侧则是岛上柳林，在水一方；左下侧是大弧度的绿荫景观廊道。这些正是由各种曲线分形创造出来的奇妙空间变幻。

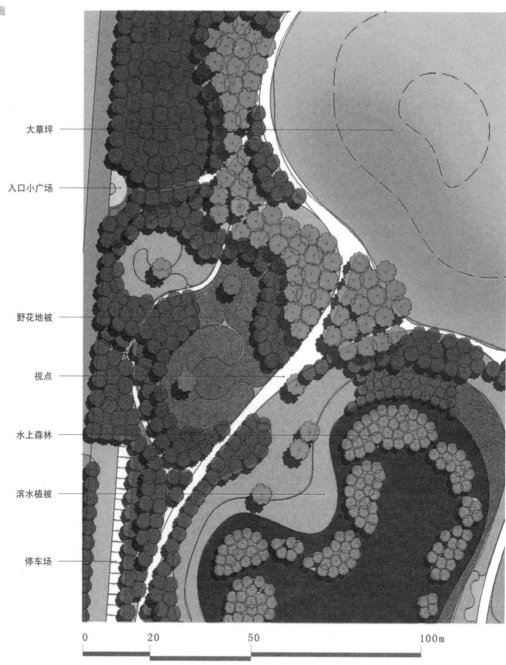

大草坪

入口小广场

野花地被

视点

水上森林

滨水植被

停车场

0　　20　　50　　100m

5.38　局部五

　　大型城市综合公园一般少不了大草坪。自古以来，大家就有踏青、踏春的习俗，《诗经》中就有很多，如《出其东门》、《溱洧》等有青年男女踏春、郊游、斗草这样的诗歌。现代城市居民更需要适时地离开逼仄的水泥森林，去往有一定开敞度的辽阔自然空间放松心情，开阔胸襟。下图的大草坪空间具有微小的坡度，最高处有 2 m 的高度，因此人们从外围道路不能观其全貌，只能看到远处的密林背景，这也是设计师需要从人的视高出发结合竖向和乔木设计创造的空间效果。同时，下图约标准足球场大小的草坪空间也是多功能的，可以举行如音乐节等一类的大型群众活动。

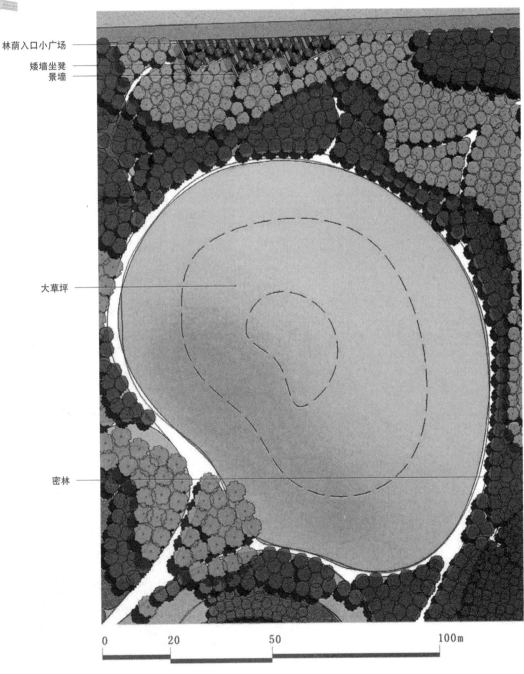

林荫入口小广场

矮墙坐凳
景墙

大草坪

密林

0　　　　20　　　　　　50　　　　　　　　　100m

局部五入口模型

局部五入口效果

5.39　局部六

景观设计犹如中国围棋，讲究金角银边，但曲线分形景观因为其曲线，故而较少有角的出现，这就注定了曲线分形景观中"边缘"的重要性。生态学中对边缘效应的解释为"在两个或两个不同性质的生态系统（或其他系统）交互作用处，由于某些生态因子（可能是物质、能量、信息、时机或地域）或系统属性的差异和协合作用的引用而引起系统某些组分及行为（如种群密度、生产力和多样性等）的较大变化，称为边缘效应，亦称周边效应。"简单说来就是自然中的边缘生物是最多样的，景观中的生态和审美也是在边缘最有价值，犹如下图中的标注依次向下为，水系边缘、水上森林边缘、滨水植被边缘、道路边缘、野花地被边缘、密林边缘、林下亚乔边缘、野花地被边缘（林中空隙）、密林边缘，一系列的空间勾勒出生动的边缘生态和边缘美景。

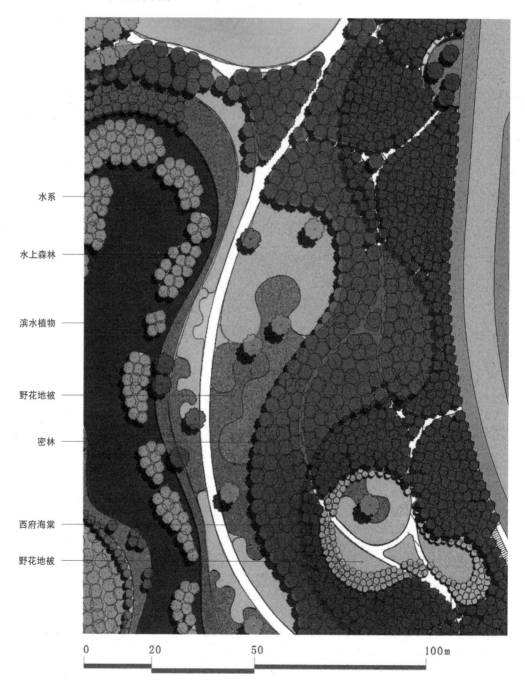

水系

水上森林

滨水植物

野花地被

密林

西府海棠

野花地被

0　　　20　　　　　　50　　　　　　　　　　100m

局部六水上森林模型

局部六水上森林效果

5.40　局部七

曲线分形景观设计方法虽然非常简约，但并不简单，在这一万多平方米的局部场地上，沿道路而行可以得到不同的景观美景和景观休闲体验，而各个景观节点又能统一在各种曲线的分形之下，步移景异，和而不同。

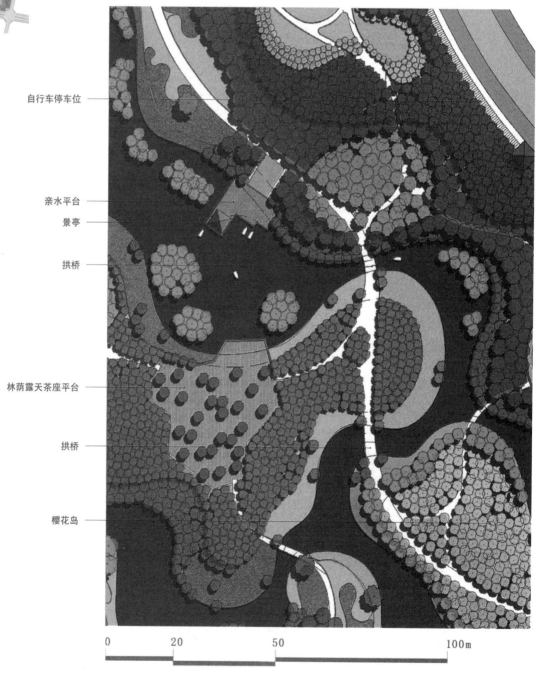

自行车停车位

亲水平台
景亭

拱桥

林荫露天茶座平台

拱桥

樱花岛

0　　　　　　20　　　　　　　50　　　　　　　　　　　100m

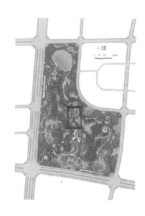

局部七亲水平台模型

局部七亲水平台效果

5.41 局部八

景观设计也可以说是一种改变大地的艺术，大地艺术（Earth Art）又称"地景艺术"，它是指艺术家以大自然作为创造媒体，把艺术与大自然有机地结合创造出的一种富有艺术整体性情景的视觉化艺术形式。因此我们可以把水系、滨水植被、椭球草坡、桃花岛、绵延而又变化的密林都作为大地艺术的一种，下图"松果"石块雕塑是一位英国艺术家安迪·高兹沃斯的自然雕塑作品，自然雕塑是大地艺术的一个分支，作品都取材于自然，对材料不进行任何人工化的装饰，而是将空间里面的雕塑完全融入自然当中，非常尊重环境的原生态，甚至可以将叶子、树叶、冰块融入到创作中。比如用树枝、树叶组合出造型，随着自然的变化，作品的形式也发生变化。可以说自然雕塑是在景观作品形成之后的二次创作，可以是游客的创作而非景观设计师的。

椭球草坡大地艺术 ——

"松果"石块自然雕塑 ——

桃花岛 ——

观景亭 ——

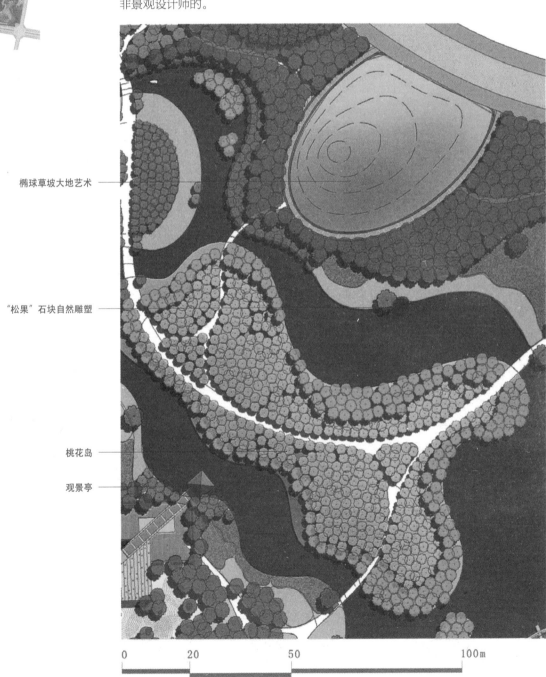

0   20   50   100m

5.42 局部九

上文讲到不管是虚拟轴线还是实际轴线相交的点，轴线经过越多就越重要，下图圆心就有三条轴线交叉而过，因此需要围绕水系弧线及轴线精心设计，通过钢结构、混凝土白墙和蓝色玻璃带营造青瓷大碗造型的水上餐厅景观建筑，再以圆心为中心，用弧形观景平台和逐级下降的水生植物种植槽外向发展，并将水、陆交融，两根轴线步道亦通往圆心，使整个区域都成为以圆心为中心的一个整体。

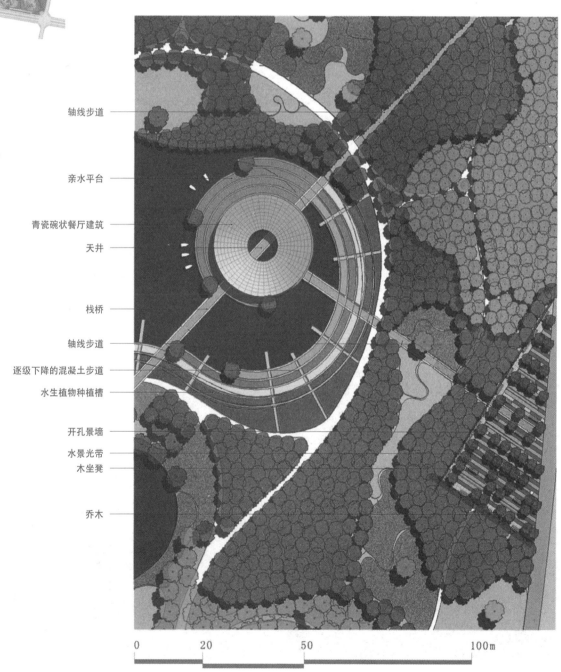

轴线步道
亲水平台
青瓷碗状餐厅建筑
天井
栈桥
轴线步道
逐级下降的混凝土步道
水生植物种植槽
开孔景墙
水景光带
木坐凳
乔木

0　20　50　100m

局部九餐厅模型

局部九餐厅效果

局部九入口效果

5.43　局部十

　　曲线分形景观设计，也须考虑视线观景的余味，比如下图区域的半岛，从水面看，观之不尽，余味无穷。在疏林草坡和滨水树林的豁口，不论是从樱花草坡下静观湖面，还是在行舟湖上看草坡上的樱花都有无限想象的空间。

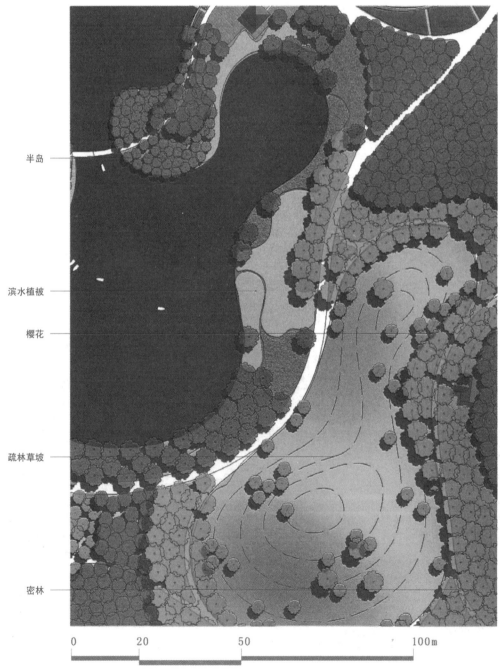

半岛

滨水植被

樱花

疏林草坡

密林

0　　　　20　　　　　　50　　　　　　　　　100m

5.44　局部十一

该区域是全园最大的主入口空间，圆形的广场空间最易空洞无味，一旦选择用弧形构成进行硬质空间设计，必须注意：1.不能缺少林荫（乔木）。2.需要反复加强弧形平面构成肌理（铺装）。3.需要从空间上再一次加强弧形空间构成（乔木围合、弧形马头景墙）。高低错落的青瓦白墙的马头景墙背后是成片的樱花片林，围合出微观分形地被，比如白茅、车前草、蒲公英、波斯菊、二月兰等。

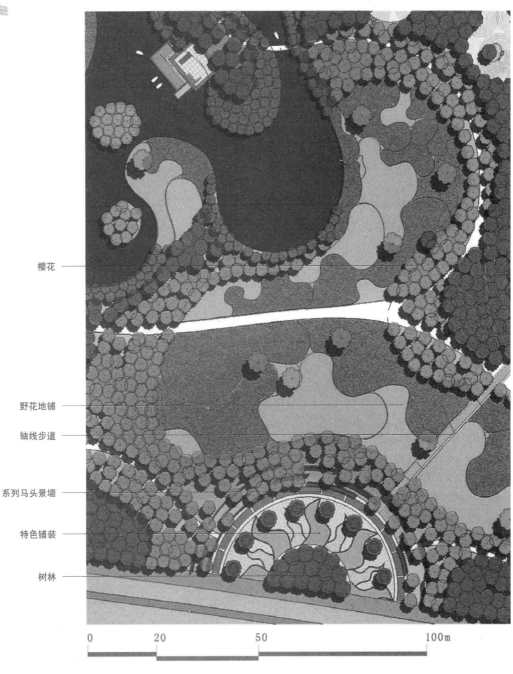

樱花

野花地铺

轴线步道

系列马头景墙

特色铺装

树林

0　　　　20　　　　50　　　　　　　　100m

局部十一主入口模型

局部十一主入口效果

局部十一主园楼模型

局部十一主园楼效果

局部十一亲水平台模型

局部十一亲水平台效果

5.45　局部十二

此区域基本是园区中心，亦有较多的轴线在此穿越，因此这里也是重要的景观节点，公园的景观构筑需要反映地域的历史脉络，但更需反映时代的变迁，无需固步自封地营造那些原本就无法复原的飞檐翘角式的传统建筑，我们是历史的继承者，更是这段历史的创造者，何必去刻意照搬传统造型而又不可得（局限于建材资源及工匠工艺），下图中极简的钢结构"盒子"被玻璃体对角切开，左侧为红色玻璃钢外饰，右侧为传统夯土墙体，开玻璃门窗，我们用一种新古典主义风格，一种多元化的方式，将怀古的浪漫情怀与现代人对生活的需求相结合，尤其和周边环境相结合，使构筑既能体现人文精神又能生长在环境之中。

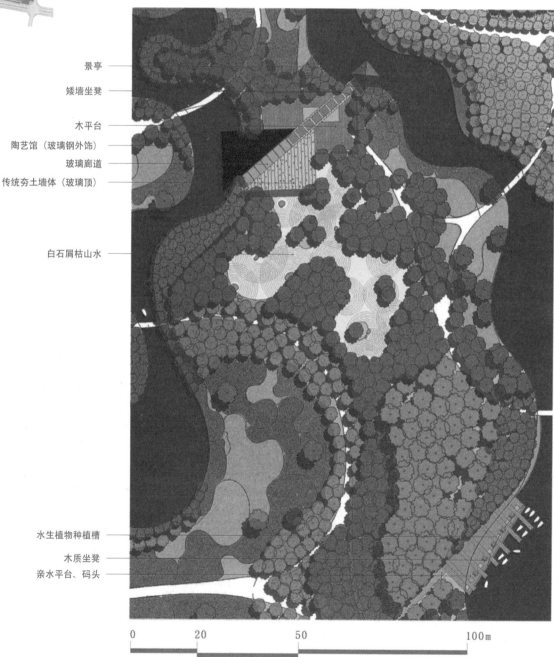

景亭

矮墙坐凳

木平台

陶艺馆（玻璃钢外饰）

玻璃廊道

传统夯土墙体（玻璃顶）

白石屑枯山水

水生植物种植槽

木质坐凳

亲水平台、码头

0　　　20　　　　50　　　　　　　100m

局部十二陶艺馆模型

局部十二陶艺馆效果

5.46 垂直驳坎滨河场地

城市多因河流而成，历史原因形成盲目的防洪需求，导致流经城市段的河流都进行了硬化，甚至裁弯取直，造成了水生生物栖息地的消失，地下水补充不足，水流流速过快形成的下游洪涝等一系列生态问题。而所谓的江景房，又往往将河道两侧绿地挤压成几米宽，产生不了以滨水为中心的生态廊道效应。因此分形学也同样适合城市绿色规划，当我们将河道线形作为启动因子，拓展到两侧一定区域范围并以此作为绿色生态廊道，则不仅仅是廊道的生态效应，城市居民所得到生态服务与区域也更多、更大。下图我们将以既成现实的垂直驳坎河道周边绿地来分形景观设计。

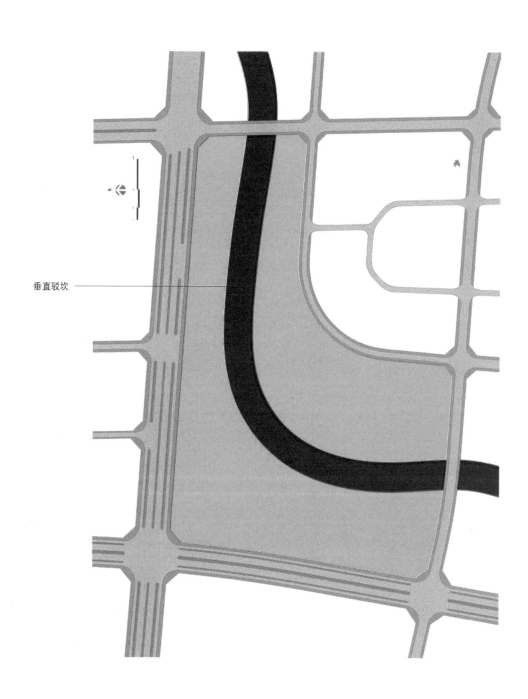

垂直驳坎

5.47 公园道路分形

依据河道线形,获得三种道路:1.垂直驳坎堤顶道路。2.完整穿越绿地曲线道路。3.若干与城市道路连接道路。

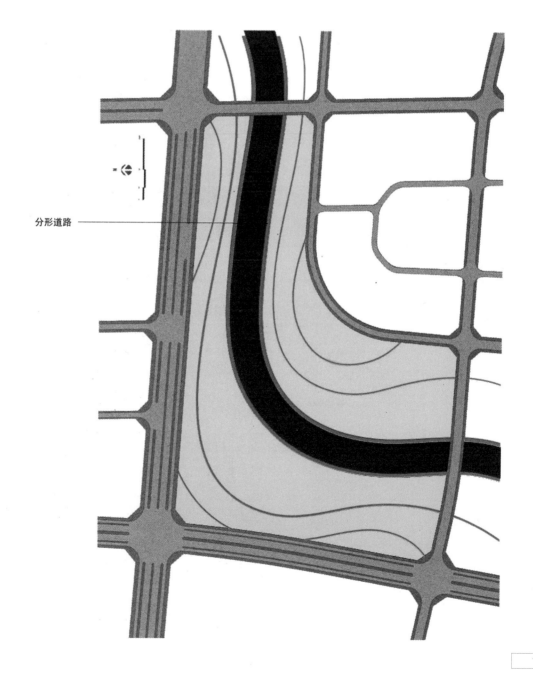

分形道路

5.48　地形及绿色分形

在各道路之间继续延续河道与道路曲线进行绿色分形，局部得到三个具备明显山脊的大地艺术地形。

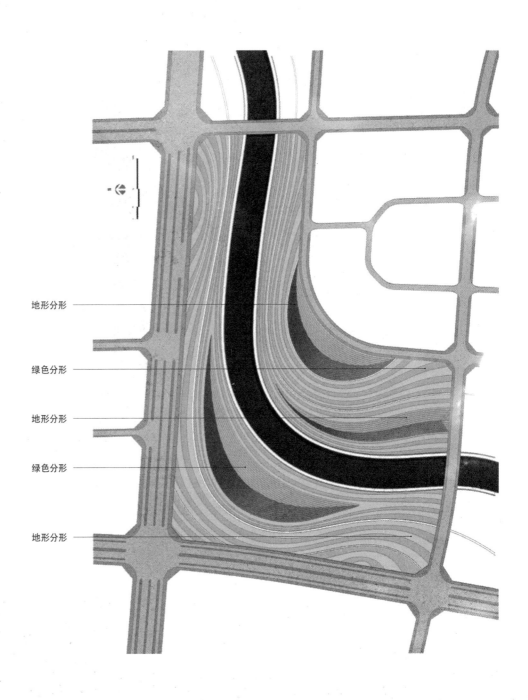

地形分形

绿色分形

地形分形

绿色分形

地形分形

5.49　地形及绿色分形

在以河道线形为启动子进行分形完毕后，再次进行垂直两条曲线的直线分形，得到景桥、建筑和不同大小的种植地块，作为城市居民经过申请和选拔，或者作为奖励可获得的小型种植地块，谁说公园就一定是种红花继木的？

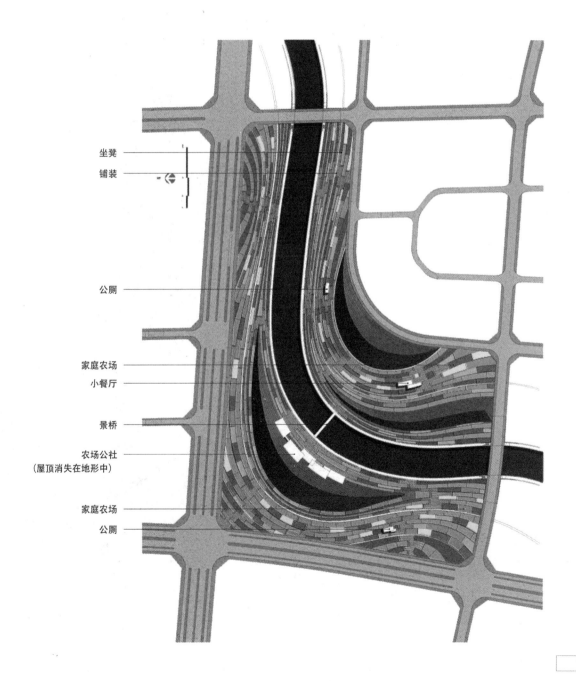

坐凳

铺装

公厕

家庭农场

小餐厅

景桥

农场公社
（屋顶消失在地形中）

家庭农场

公厕

5.50　乔木分形

一切都是分形而成，水体、地形、道路、建筑、铺装、坐凳、蔬菜、乔木。

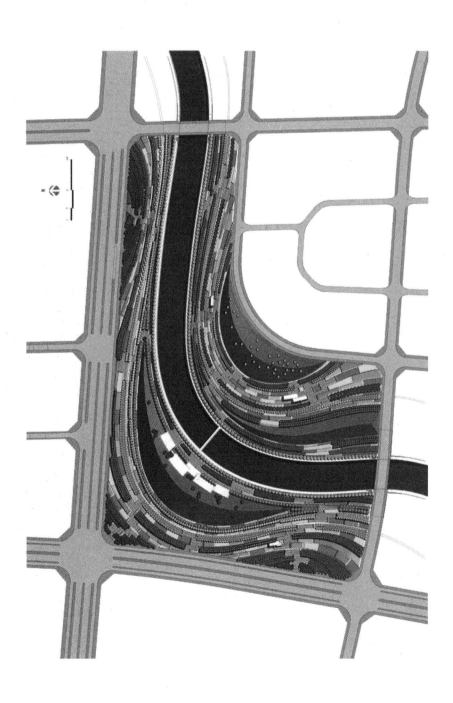

5.51　生态滨河场地

上文已提到，垂直硬质驳坎对生态的危害性，下图我们将以自然河道作为范本进行自然分形景观设计，对城镇化推进中的乡村河道具有一定的生态意义。

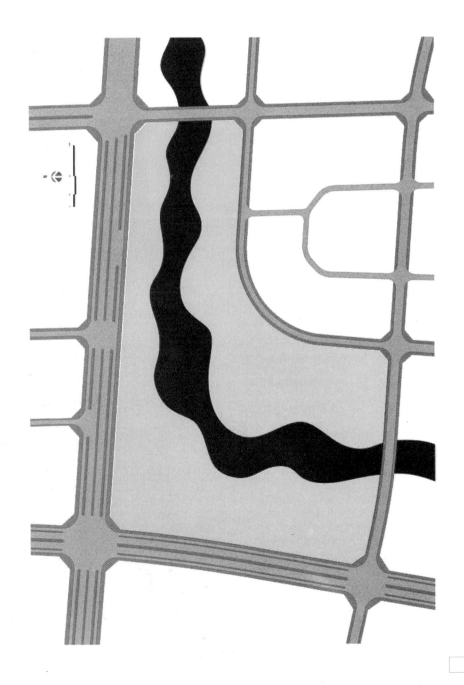

5.52 滨河生态消落带

我们暂将河道定义为枯水位线到丰水位线存在3m高差的消落带，常水位线上的河漫滩形成若干生态小岛，一般不管如何耐湿的乔木树种也只能生长在常水位线标高左右的区域。通常水利部门认为河道中有乔木的存在影响泄洪，这属于一孔之见，违背自然规律。由河漫滩形成的地形与植被分形景观发挥着防洪的第一作用，河流绿色廊道周边的城市道路发挥防洪的第二作用（相当于堤顶）。

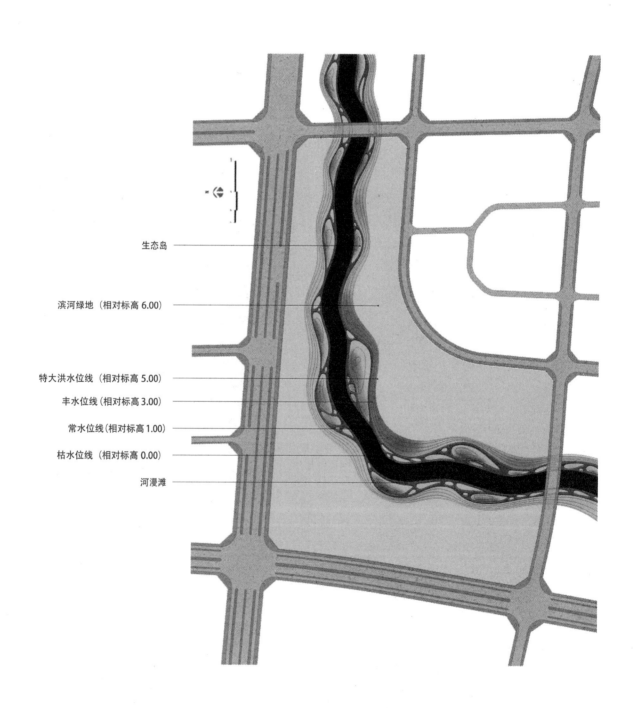

生态岛

滨河绿地（相对标高 6.00）

特大洪水位线（相对标高 5.00）

丰水位线（相对标高 3.00）

常水位线（相对标高 1.00）

枯水位线（相对标高 0.00）

河漫滩

5.53 绿色自行车道分形

当今中国依旧处于炫富的物质时代，尤其是学习美国的汽车生活方式，以至于堵车都成为了步入中产阶层生活的标志，大多的城市规划与建设又往往建立在汽车这个命题之上，无限地拓宽、建设道路，侵占非机动车道，不是汽车服务人类，而是人类服务于汽车。失去了"人"的城市，是否还能叫城市？不停地为汽车建设的城市并没有解决人们出行的交通问题。倡导绿色出行已然迫在眉睫，因此滨河绿色廊道需要为便捷快速的自行车道留出空间。

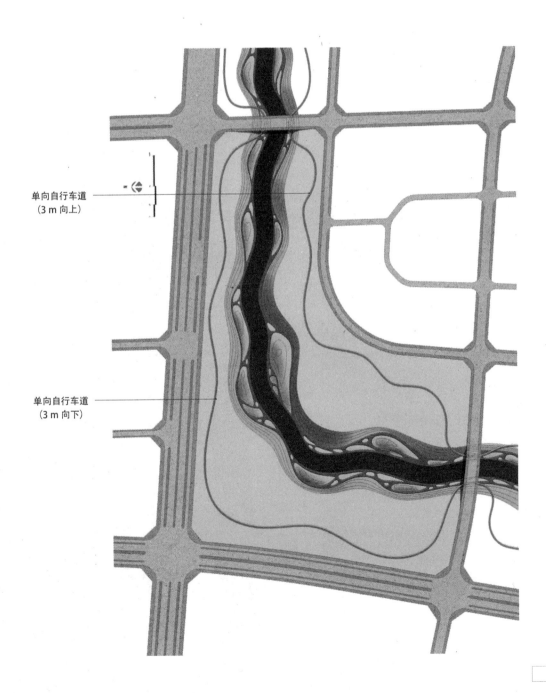

单向自行车道
（3 m 向上）

单向自行车道
（3 m 向下）

5.54 步行系统分形

当下国内的景观设计，往往讲究所谓的文化、主题、形象等伪命题，有些设计师也过于谄媚于甲方，极尽淫巧奇技之能事，故弄玄虚，实际又流于表象，不解决公园周边受众的现实需求。一个优秀的景观设计与建筑不同，它是低调内敛的，能充分满足受众的实际需求。

公园步道
滨水栈道
公共自行车服务站

景观平台

滨水栈道
公共自行车服务站
公园步道

公园步道

公共自行车服务总站
停车场
公园入口

5.55　无障碍分形

通过地形分形设计，利用立体交通解决自行车道与步行道互不干扰的无障碍问题。通常设计师（包括作者）总会提出一些理论上的概念，比如景观生态学、绿道、廊道等，虽然这些理论都极有意义，但如果只停留在宏大、玄虚的学术层面，那都毫无意义。下图很简单，河道发挥着河道的生态功能，绿地上的道路有三种形式：滨水栈道、水泥步道、自行车道，而且它们互不干扰，仅此就足够了！

地形切开、挡墙（自上，步下）

两个地形间架桥（自上，步下）
地形切开、挡墙（自下，步上）

两个地形间架桥（自下，步上）

两个地形间架桥（自上，步下）

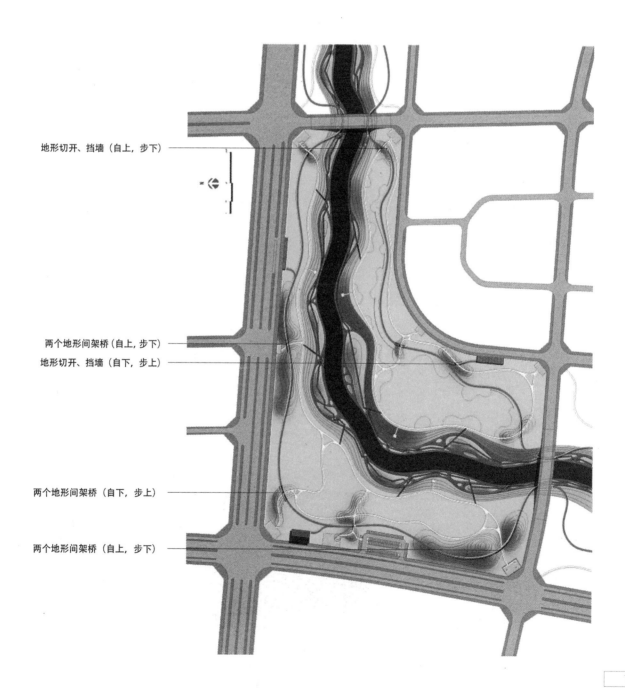

5.56 立体交通

用最简单明了的方法解决场地问题，称之为"景观设计"。

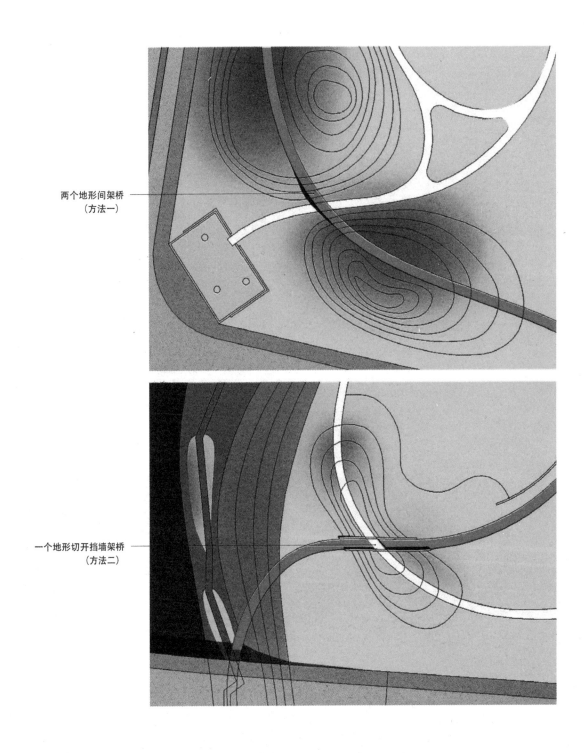

两个地形间架桥
（方法一）

一个地形切开挡墙架桥
（方法二）

5.57　方圆分形

　　在学校从教多年，真真切切地发现学生的体质越来越差，球场上往往没有几个青年踢球，反而老人和儿童极多，这其中对于景观设计而言反映出两个问题，一是我们城市中针对青少年的运动场地过少，二是很少有为儿童和婴幼儿设计的互动景观（有的也只是成品滑梯之类）。那些大而无当或者奢华无用的景观为何不能是青少年的运动场地和儿童嬉戏之处呢？他们才是国家的未来，我们太少为他们思考，他们运动时的矫健身姿和童真笑颜何尝不是最美的景观！曲线分形构架之下，进行简明的方圆分形——方形的运动场地，圆形的儿童互动景观。

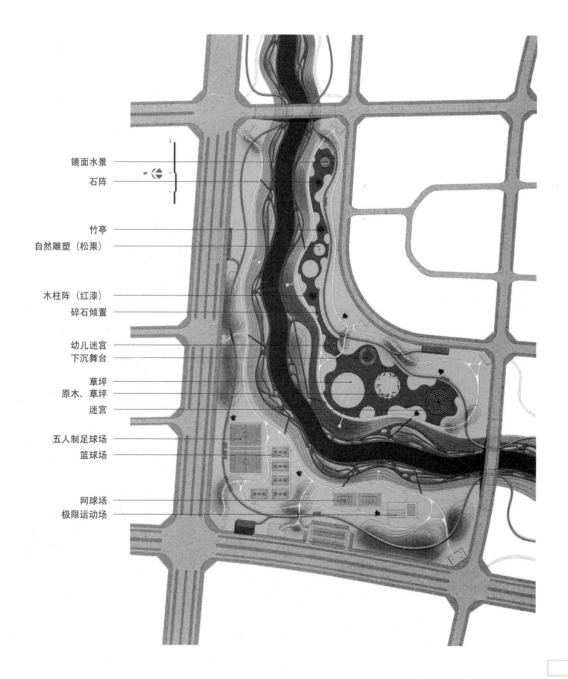

镜面水景

石阵

竹亭

自然雕塑（松果）

木柱阵（红漆）

碎石倾置

幼儿迷宫

下沉舞台

草坪

原木、草坪

迷宫

五人制足球场

篮球场

网球场

极限运动场

5.58 树的分形

最后，还是那句话，没有树，一切都显得没有意义！滨河缓坡上长满了蒲公英、紫花地丁、车前草、马兰头、荠菜、艾草和白茅，河漫滩上长着芦苇与茭白。这些植物能让我们感知时序的推移，季节的变幻。设计师无非是自然与人联系的纽带，分形学就是这纽带的密码！

5.59　细节一

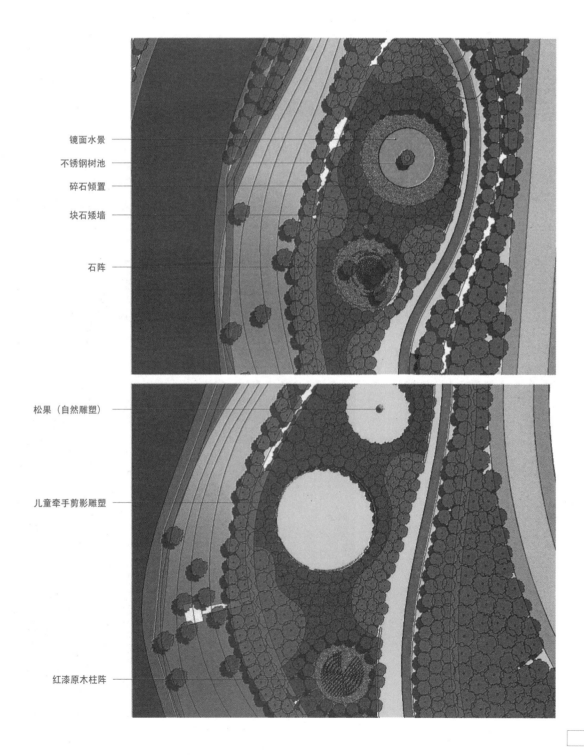

镜面水景 ——
不锈钢树池 ——
碎石倾置 ——
块石矮墙 ——
石阵 ——

松果（自然雕塑）——
儿童牵手剪影雕塑 ——
红漆原木柱阵 ——

5.60 细节二

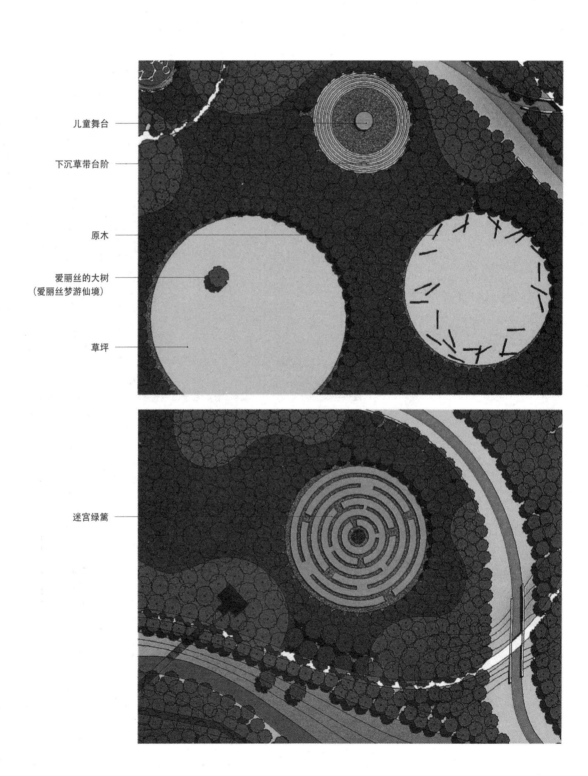

儿童舞台

下沉草带台阶

原木

爱丽丝的大树
（爱丽丝梦游仙境）

草坪

迷宫绿篱

后 记

　　分形学是一门神奇的从自然中获得的"大自然的几何学"，分形作为一种新的概念和方法，正在自然科学、手机天线、装饰纹案、电脑特技等许多领域开展应用探索。我国著名学者周海中教授认为："分形几何不仅展示了数学之美，也揭示了世界的本质，还改变了人们理解自然奥秘的方式；可以说分形几何是真正描述大自然的几何学，对它的研究也极大地拓展了人类的认知疆域"。而在与大自然最为紧密联系的景观设计学科中一直缺乏对分形学的应用研究，本书也只是提出一些有关分形学在景观设计领域中应用的粗浅认识，希望能有更多的人能认识分形学，通过分形学，以我们居住的这个蓝色星球作为本底，再去谨慎地分形我们需要的景观。

图书在版编目（CIP）数据

分形景观空间设计 / 蔡梁峰 , 吴晓华著 . -- 南京 :
江苏凤凰科学技术出版社 , 2015.4
ISBN 978-7-5537-3250-3

Ⅰ . ①分… Ⅱ . ①蔡… ②吴… Ⅲ . ①景观设计
Ⅳ . ① TU986.2

中国版本图书馆 CIP 数据核字 (2015) 第 039865 号

分形景观空间设计

著　　者　蔡梁峰　吴晓华
项 目 策 划　凤凰空间/高雅婷
责 任 编 辑　刘屹立
特 约 编 辑　许闻闻

出 版 发 行　凤凰出版传媒股份有限公司
　　　　　　江苏凤凰科学技术出版社
出版社地址　南京市湖南路1号A楼，邮编：210009
出版社网址　http://www.pspress.cn
总 经 销　天津凤凰空间文化传媒有限公司
总经销网址　http://www.ifengspace.cn
经　　销　全国新华书店
印　　刷　北京博海升彩色印刷有限公司

开　　本　889 mm×1 194 mm　1／16
印　　张　12.5
字　　数　200 000
版　　次　2015年4月第1版
印　　次　2024年1月第2次印刷

标 准 书 号　ISBN 978-7-5537-3250-3
定　　价　68.00元

图书如有印装质量问题，可随时向销售部调换（电话：022-87893668）。